INFOGRÁFICOS

UNIVERSO

Título original: *Infographic Guide to Life, the Universe and Everything*

Publicado originalmente na Grã-Bretanha em 2014 pela Cassell Illustrated, uma divisão da Octopus Publishing Group Limited, Carmelite House, 50 Victoria Embankment, EC4Y 0DZ, Londres, Inglaterra.

Coordenação do projeto: Publifolha
Editora-assistente: Isadora Attab
Coordenadora de produção gráfica: Mariana Metidieri
Produtora gráfica: Samantha R. Monteiro

Produção editorial: Página Viva
Edição: Tácia Soares
Tradução: Luis Reyes Gil
Checagem de dados: Cátia Rossi
Revisão: Marília Bueno
Editoração eletrônica: Yara Penteado Anderi

Edição original: Octopus Books
Diretor editorial: Trevor Davies
Assistente de produção: Lucy Carter

Produção da edição original: Essential Works Ltd.
Diretora de arte: Gemma Wilson
Editor comissionado: Mal Peachey
Editora: Fiona Screen
Pesquisa: Naomi Barton, George Edgeller, Phil Hunt, Jane Mosely, Maria Inês Pinheiro, Kimberley Simpson, Renske Start, Jackie Strachan, Giulia Vallone, Barney White
Projeto gráfico: Louise Leffler

Dados Internacionais de Catalogação na Publicação (CIP)
(Câmara Brasileira do Livro, SP, Brasil)

Eaton, Thomas
Infográficos : universo : fatos e curiosidades inusitadas sobre a vida, a Terra, os planetas e muito mais / Thomas Eaton ; [tradução Luis Reyes Gil]. – São Paulo : Publifolha, 2016. – (Infográficos)

Título original: Infographic guide to life, the universe and everything
ISBN 978-85-68684-63-4

1. Ciências 2. Curiosidades 3. Universo 4. Universo - Miscelânea 5. Universo - Obras ilustradas I. Título. II. Série.

16-07010 CDD-030

Índices para catálogo sistemático:
1. Curiosidades 030

Este livro segue as regras do Acordo Ortográfico da Língua Portuguesa (1990), em vigor desde 1º de janeiro de 2009.

Impresso na China.

PUBLIFOLHA
Divisão de Publicações do Grupo Folha
Al. Barão de Limeira, 401, 6º andar
CEP 01202-900, São Paulo, SP
Tel.: (11) 3224-2186/2187/2197
www.publifolha.com.br

Thomas Eaton

INFOGRÁFICOS UNIVERSO

Fatos e curiosidades inusitadas sobre a vida, a Terra, os planetas e muito mais

PUBLIFOLHA

SUMÁRIO

Introdução

por Thomas Eaton

Em 1834, uma placa de mármore colocada na capela de St. Andrew, na Abadia de Westminster, Londres, homenageou um homem notável, Thomas Young, falecido cinco anos antes. A inscrição descrevia-o como "eminente em quase todas as áreas do conhecimento humano. Alguém igualmente distinto nas mais complexas investigações das letras e das ciências, e o primeiro a estabelecer a teoria ondulatória da luz e a desvendar os mistérios que durante eras ocultaram o sentido dos hieróglifos egípcios". Uma biografia sobre esse erudito tinha por título *The Last Man Who Knew Everything* ("O último homem que sabia de tudo", de Andrew Robinson, 2006).

Quem hoje conseguiria chegar perto disso? Mesmo cérebros poderosos atuais como Stephen Hawking, Noam Chomsky e Steven Pinker não seriam capazes de se dizer especialistas em mais do que um mero punhado de áreas. Vivemos em uma era de crescimento sem paralelo da informação; em todas as áreas do conhecimento a explosão de dados é impressionante. A internet expandiu-se de umas poucas páginas compartilhadas por Tim Berners-Lee e seus colegas no CERN em 1989 para uma ferramenta utilizada por bilhões todas as semanas. Há tanta informação à disposição que os cientistas estão ficando sem meios para descrevê-la: terabytes foram ultrapassados por petabytes, que aumentaram e viraram exabytes, depois zettabytes e agora yottabytes (ou seja, 1 seguido por 24 zeros, caso você tenha perdido a conta).

Então, como é possível começar a processar todos esses dados e selecionar os mais importantes? Este livro tenta fazer isso, como um guia infográfico sobre a vida, o universo e tudo mais. Esse modo de representar a informação tem uma tradição longa e surpreendente. Florence Nightingale é lembrada como a "dama da lâmpada", cuidando de soldados britânicos feridos na Guerra da Crimeia, mas foi também uma pioneira da estatística. Seu relatório *Mortality of the British Army* ("Mortalidade do Exército Britânico", 1858) fez amplo uso de gráficos de barras e de inovadores gráficos circulares de setores para ilustrar seus achados, "convertendo ideias sobre um assunto em dados para os olhos, que não podem ser entendidos tão prontamente quando expressos em números". Isso lhe valeu a condição de membro da The Royal Statistical Society no mesmo ano, a primeira mulher a ser admitida.

Os dados todos com certeza existem. A questão: é como fazer para que ganhem vida? Este livro aborda uma mistura eclética de assuntos, desde partículas subatômicas que viajam a velocidades próximas à da luz dentro do Grande Colisor de Hádrons até as maiores estrelas do universo. Lançamos a rede sobre uma área ampla. Vamos olhar em profundidade para as viagens espaciais e os planetas do nosso sistema solar – quanto tempo você levaria para ir até Marte e quanto pesaria ao chegar lá? Quais as probabilidades de um asteroide se chocar com a Terra e varrer toda a vida do planeta? Isso já aconteceu, você sabe... Depois nos aventuramos pelo espaço profundo e até mesmo pelos reinos da ficção científica.

Mas, voltando um pouco, temos também páginas dedicadas a extremos de tempo, atividade vulcânica, terremotos e ao frágil clima de nosso planeta. Mostramos onde a água do mundo está localizada, o que produz gases de efeito estufa e quais são os rastros de carbono deixados pelas diferentes dietas. Você pode descobrir como a configuração genética e o tamanho relativo do cérebro variam de espécie para espécie e como as raças caninas se desenvolveram. Decompusemos o corpo humano a seus elementos químicos essenciais para ver o quanto temos sido bem-sucedidos em erradicar doenças.

Este livro examina a vida moderna em toda a sua deslumbrante complexidade tecnológica. Quais são os sites mais populares do mundo? Há muita coisa na internet além de Google, Facebook e YouTube. De que modo a estrutura da população global está mudando e com que rapidez as novas megacidades estão se expandindo? Onde estão as maiores concentrações de luz natural? E, se essa espiada no futuro for um pouco assustadora, fornecemos até um guia para adotar sistemas alternativos e fugir de tudo.

Sob a descrição de "Tudo" você encontrará ilustrações sobre dados um pouco mais esotéricos, e saberá quais são as maiores e mais antigas gangues criminosas do mundo, em que países agem e a que tipo de negócios se dedicam, entre outras coisas. Você verá ainda um útil guia sobre os oligarcas russos, uma comparação entre as qualificações acadêmicas dos líderes de diferentes nações, as coisas que já sumiram no Triângulo das Bermudas e as nações mais opressoras e as mais felizes.

Em resumo, este livro é um caleidoscópio de comparações; algumas sérias, outras decididamente não. Ele oferece instantâneos da estonteante série de dados que temos à disposição. Portanto, mergulhe e lembre-se de que aqueles sabe-tudo de sobrecasaca que citamos no começo desta introdução dariam seu braço direito por uma fração do conhecimento que temos a nosso alcance em um clique.

Um objeto fraco próximo ao horizonte de eventos não pode escapar da força de gravidade do buraco negro.

Um objeto forte próximo ao horizonte de eventos consegue resistir ao empuxo gravitacional do buraco negro.

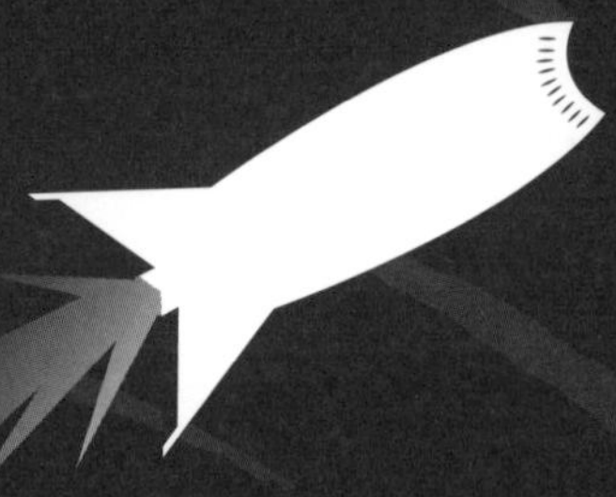

RAIOS DE LUZ

A força gravitacional do buraco negro atrai os raios de luz mais próximos.

HORIZONTE DE EVENTOS

BURACOS **NEGROS**

Tem-se observado buracos negros no centro de muitas galáxias além da nossa. Acredita-se que toda galáxia tenha um buraco negro em seu centro. O empuxo gravitacional de um buraco negro, sentido em pequeno grau mesmo a grandes distâncias, desempenha papel importante na formação de uma galáxia.

Qualquer objeto que passe pelo horizonte de eventos será atraído para dentro do buraco negro e desaparecerá de vista.

A força gravitacional do buraco negro exerce maior poder de alteração sobre a trajetória dos raios de luz mais próximos do que sobre a dos mais distantes.

GALÁXIA DA VIA LÁCTEA

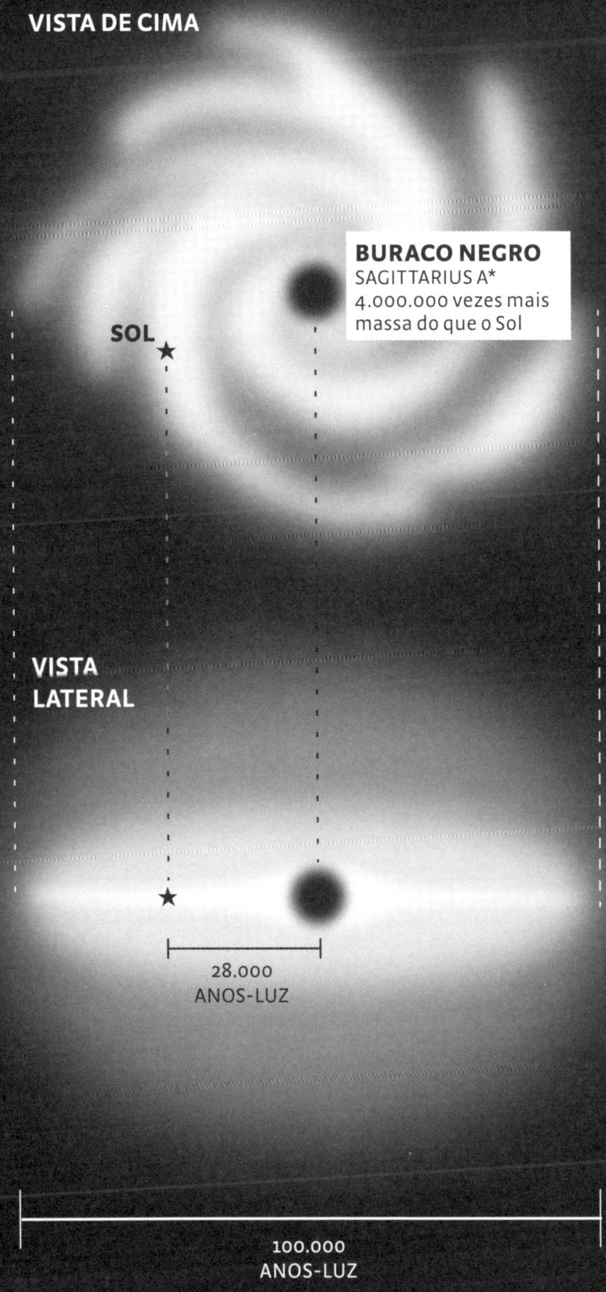

Como se desenvolveu nosso conhecimento sobre os **BURACOS NEGROS**?

1783 A ideia de um corpo tão denso que nem a luz lhe pode escapar é levantada pela primeira vez pelo geólogo John Mitchell. A repercussão à proposta é nula, já que ainda não se compreende como a gravidade influencia a luz.

1915 Albert Einstein desenvolve sua teoria da relatividade geral, tendo provado que a gravidade influencia o movimento da luz.

1931 Subrahmanyan Chandrasekhar calcula que um buraco negro deve ter raio igual a zero.

1958 David Finkelstein identifica a fronteira matemática do buraco negro, o horizonte de eventos.

1967 O físico John Wheeler cunha o termo "buraco negro" durante uma palestra.

1974 Astrônomos descobrem um buraco negro superdenso no centro da Via Láctea.

2004 Stephen Hawking apresenta sua nova teoria, segundo a qual buracos negros permitem a saída de informação de seu interior. O cientista postula que eles ficam emitindo radiação por muito tempo e, eventualmente, se abrem para revelar tal informação.

PERIGOS DA VIDA MODERNA

Apesar dos grandes avanços em medicina, saúde, segurança e educação, muitas pessoas ainda morrem de causas banais, em situações cotidianas com as quais todos convivem. As mulheres estão em condições mais seguras do que os homens, como mostra esta pesquisa sobre causas de morte em um país europeu no período de quatro anos.

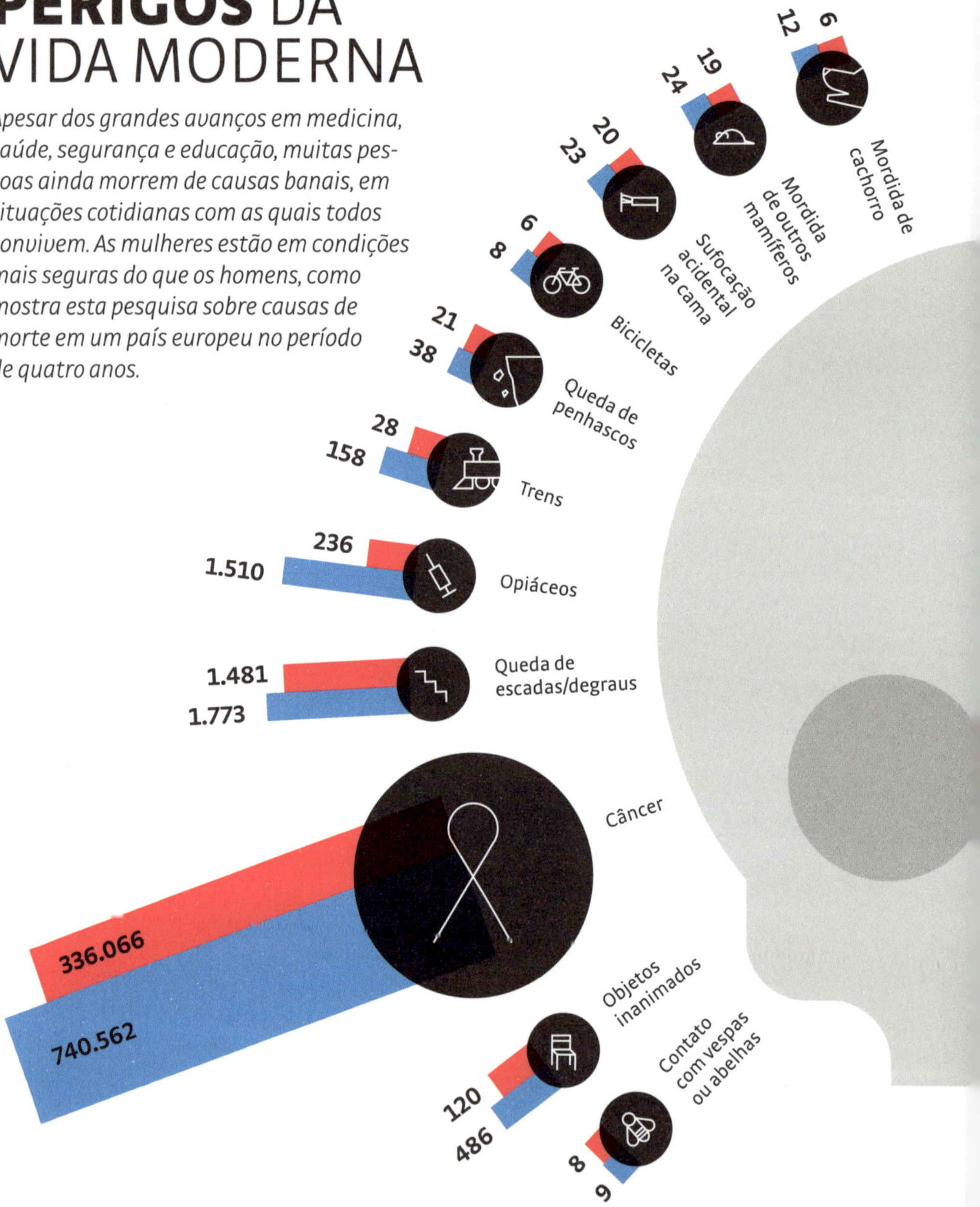

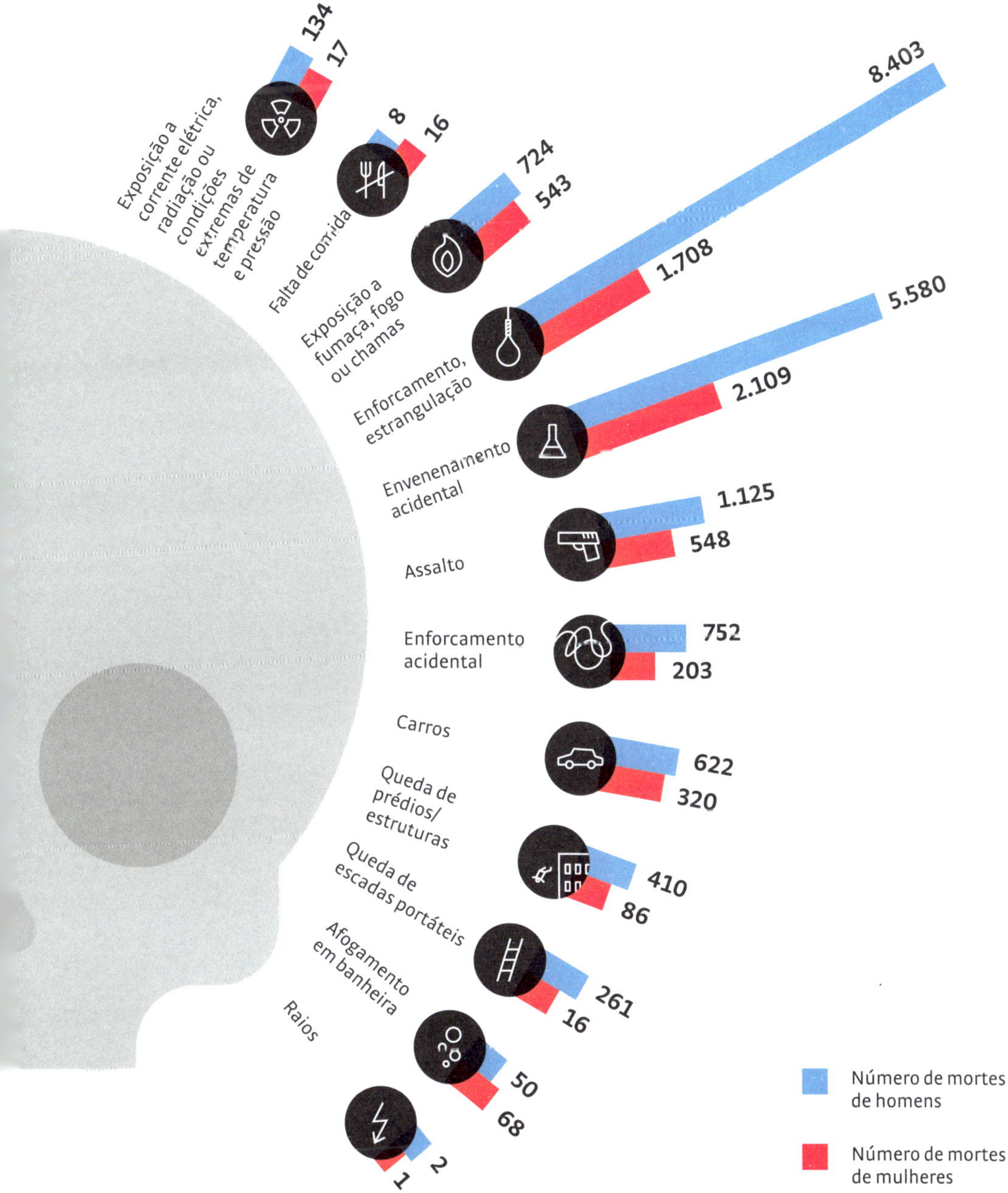
Exposição a corrente elétrica, radiação ou condições extremas de temperatura e pressão
134
17
Falta de comida
8
16
Exposição a fumaça, fogo ou chamas
724
543
Enforcamento, estrangulação
8.403
1.708
Envenenamento acidental
5.580
2.109
Assalto
1.125
548
Enforcamento acidental
752
203
Carros
622
320
Queda de prédios/ estruturas
410
86
Queda de escadas portáteis
261
16
Afogamento em banheira
50
68
Raios
2
1
Número de mortes de homens
Número de mortes de mulheres

BOMBARDEIO **DO CÉU**

Nosso planeta é bombardeado constantemente do espaço por partículas do tamanho de grãos de areia. Vários asteroides do porte de um carro pequeno atingem a Terra todo ano. A Nasa calcula que há mais de mil objetos próximos ao planeta com mais de 1km de diâmetro – e mais de um milhão com cerca de 40m. Os astrônomos usam a Escala de Turim para avaliar o perigo potencial representado pelo impacto de corpos que gravitam perto da Terra.

Sem risco (branco)

0 A probabilidade de o objeto colidir com a Terra é zero, ou praticamente zero.

Normal (verde)

1 O objeto passará perto da Terra, mas a previsão é de que não criará nenhum nível incomum de perigo. A Tabela de Risco de Alerta do sistema Sentry (Sentinela), da Nasa, quanto às potenciais futuras colisões lista apenas um objeto, conhecido como 2007 VK184, com risco nível 1 na Escala de Turim. Estima-se que esse asteroide próximo à Terra tenha 130m de largura e que sua probabilidade de colidir com o planeta em 3 de junho de 2048 seja de 0,055%.

Merece atenção por parte dos astrônomos (amarelo)

2 A previsão é de que o objeto descoberto passe perto da Terra, o que com mais pesquisas se tornará uma previsão rotineira. Novas observações muito provavelmente deverão confirmar seu risco como sendo zero.

3 Um encontro próximo, que merece investigação adicional. A informação que se tem sugere uma probabilidade de 1% ou mais de colisão capaz de promover destruição localizada. Observações ao telescópio provavelmente vão reduzir o nível de risco a zero.

4 Uma probabilidade de 1% ou mais de colisão capaz de devastação regional. O nível de risco muito provavelmente cairá a zero depois de observações adicionais. Em 2004, o asteroide 99942 Apophis recebeu um valor 4 na Escala de Turim devido a uma probabilidade estimada em 2,7% de que atingiria a Terra em 2029. Como tinha cerca de 330m de diâmetro, calculava-se que o Apophis entraria na atmosfera com 750 megatons de energia cinética (em comparação com os mais de 50 megatons das maiores detonações de bombas de hidrogênio). Observações posteriores, porém, fizeram seu valor na Escala de Turim cair para zero. Até agora, nenhum outro objeto recebeu um valor superior a 4.

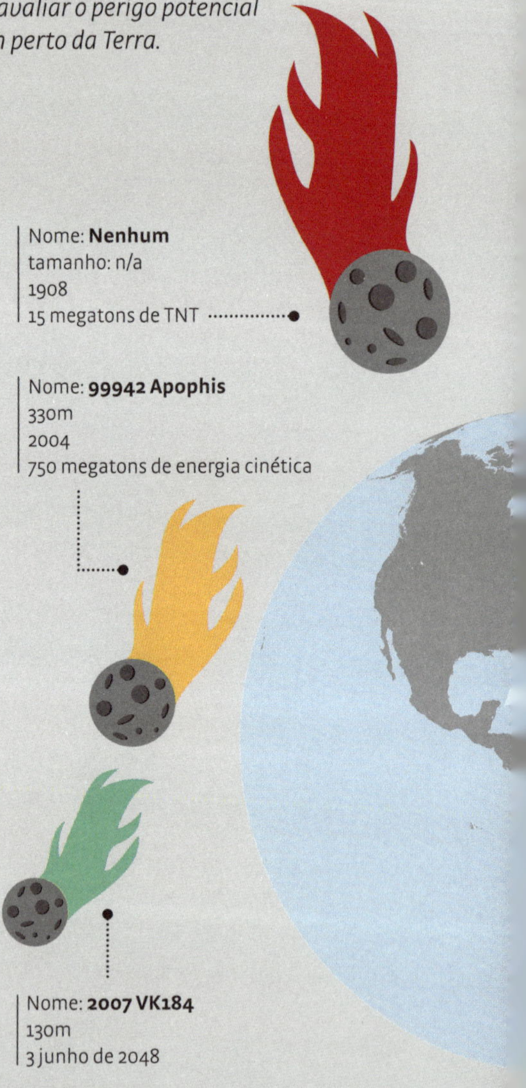

A cratera de Chicxulub – na península de Yucatán, México –, formada pelo impacto que teria levado à extinção em massa de seres vivos no fim do período Cretáceo, há 65 milhões de anos

Ameaça (laranja)

5 Um encontro próximo representando uma ameaça grave, mas ainda incerta, de devastação regional. Astrônomos devem determinar com urgência se vai ocorrer ou não a colisão com a Terra. Se o encontro estiver previsto para menos de uma década, os governos devem começar a planejar medidas de emergência.

6 Um objeto grande coloca uma ameaça grave, mas ainda duvidosa, de uma catástrofe global. Um planejamento governamental de emergência deve ser providenciado se a potencial colisão estiver prevista para ocorrer em menos de 30 anos.

7 Um encontro muito próximo com um objeto grande. Se for ocorrer em até 100 anos, coloca uma ameaça séria, mas ainda duvidosa, de catástrofe global.

Colisão certa (vermelho)

8 Uma colisão vai ocorrer e pode causar destruição localizada. Estima-se que o asteroide ou cometa que colidiu com Tunguska, na Sibéria, em 1908 liberou energia equivalente a 15 megatons de TNT (mil vezes mais do que a bomba atômica de Hiroshima). A energia do impacto e a devastação em uma área de 60km de extensão teria colocado esse evento, restrospectivamente, no grau 8 da Escala de Turim.

9 Uma colisão está confirmada, causando devastação regional sem precedentes.

10 A colisão é certa, capaz de causar uma catástrofe global. Pode ameaçar o futuro da civilização na Terra. Por exemplo, acredita-se que a cratera de Chicxulub, na península de Yucatán, no México, corresponde ao ponto de impacto do meteoro que teria causado a extinção em massa de seres vivos no final do período Cretáceo, há cerca de 65 milhões de anos.

Oxford Dic of Astronomy, Hutchinson Unabridged Enc, neo.jpl.nasa.gov/torino_scale.html

AONDE FOI **TODO MUNDO?**

Como disse Cassandra – e de modo correto – estamos todos condenados. Pelo menos seis vezes no passado uma grande catástrofe se abateu sobre a Terra, matando uma proporção significativa das criaturas vivas. Podemos aprender algo com isso?*

Cerca de **443** milhões de anos atrás

Período: Ordoviciano tardio

Organismos afetados: Mais de 90% das espécies trilobitas foram extintas

90%

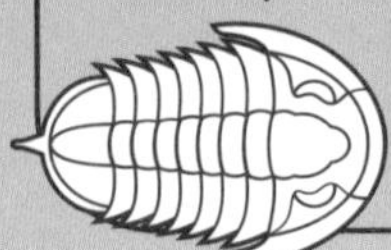

% de espécies extintas: Cerca de 75-85%

Causa possível: Glaciação

Cerca de **250** milhões de anos atrás

Período: Permiano tardio, ou A Grande Agonia

% de espécies extintas: Cerca de 95% de todas as espécies

Causas possíveis: Altas temperaturas globais, erupções vulcânicas e falta de oxigênio no mar

Cerca de **65** milhões de anos atrás

Período: Cretáceo-Terciário, ou extinção K-T

Organismos afetados: Dinossauros não avianos, alguns mamíferos, lagartos marinhos

% de espécies extintas: 75-85%

* Personagem da mitologia grega, filha do rei Príamo, recebeu do deus Apolo o dom da profecia, sendo depois amaldiçoada pelo próprio com a incredibilidade.

Cerca de

488

milhões de anos atrás

Período

Cambriano tardio

Organismos afetados

O número de criaturas marinhas como trilobitas e braquiópodes foi muito reduzido

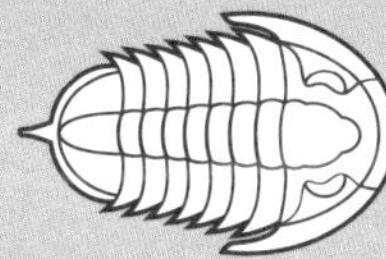

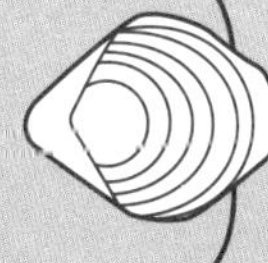

Causas possíveis

Alterações no nível do mar

% de espécies extintas

Ninguém sabe

Cerca de

360

milhões de anos atrás

Período

Devoniano tardio

Organismos afetados

Placodermos foram extintos; várias espécies marinhas sofreram baixas

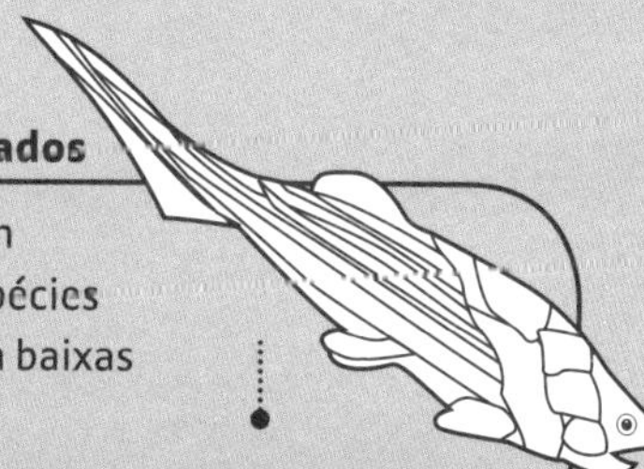

Causas possíveis

Redução de oxigênio na água, aumento do nível do mar e resfriamento global

% de espécies extintas

70-85% de todas as espécies

Cerca de

200

milhões de anos atrás

Período

Triássico tardio

Organismos afetados

Quase todos os trilobitas e muitas espécies ancestrais de insetos

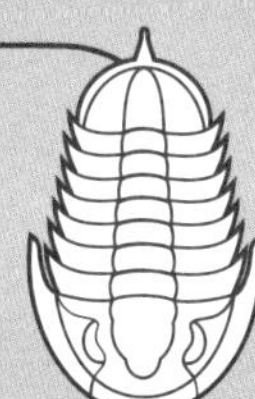

Causa possível

Mudança climática causada por deslocamento dos continentes

% de espécies extintas

80%

Causa possível

Colisão de meteoro ou cometa com a Terra, que levou a mudança climática

Oxford Dictionary of Biology, nhm.ac.uk

FAZENDO **ONDA**

Cientistas conseguiram compreender o espectro eletromagnético o suficiente para produzir ondas em benefício da humanidade. Eis as nossas ondas favoritas:

ONDAS DE RÁDIO

As ondas de rádio são as de maior comprimento do espectro eletromagnético. Usadas nas transmissões de rádio e TV, também são encontradas na radiação cósmica de fundo do Universo.

MICRO-ONDAS

Usadas em radares, comunicações, fornos micro-ondas e telefones celulares.

RAIOS INFRAVERMELHOS

Emitidos por objetos aquecidos, têm aplicações em comunicações, medicina, astronomia e na área militar.

LUZ VISÍVEL

A radiação eletromagnética visível ao olho humano.

RAIOS ULTRAVIOLETA

A maior parte da radiação ultravioleta presente nos raios solares é filtrada pela camada de ozônio. A exposição prolongada aos raios UV pode causar queimaduras solares e câncer de pele.

RAIOS X

Usados para diagnósticos médicos e nos equipamentos de segurança de aeroportos.

RAIOS GAMA

Usados na detecção e no tratamento de alguns cânceres e na esterilização de equipamento médico. Também são empregados na indústria alimentícia para eliminar microrganismos e estender a validade dos produtos.

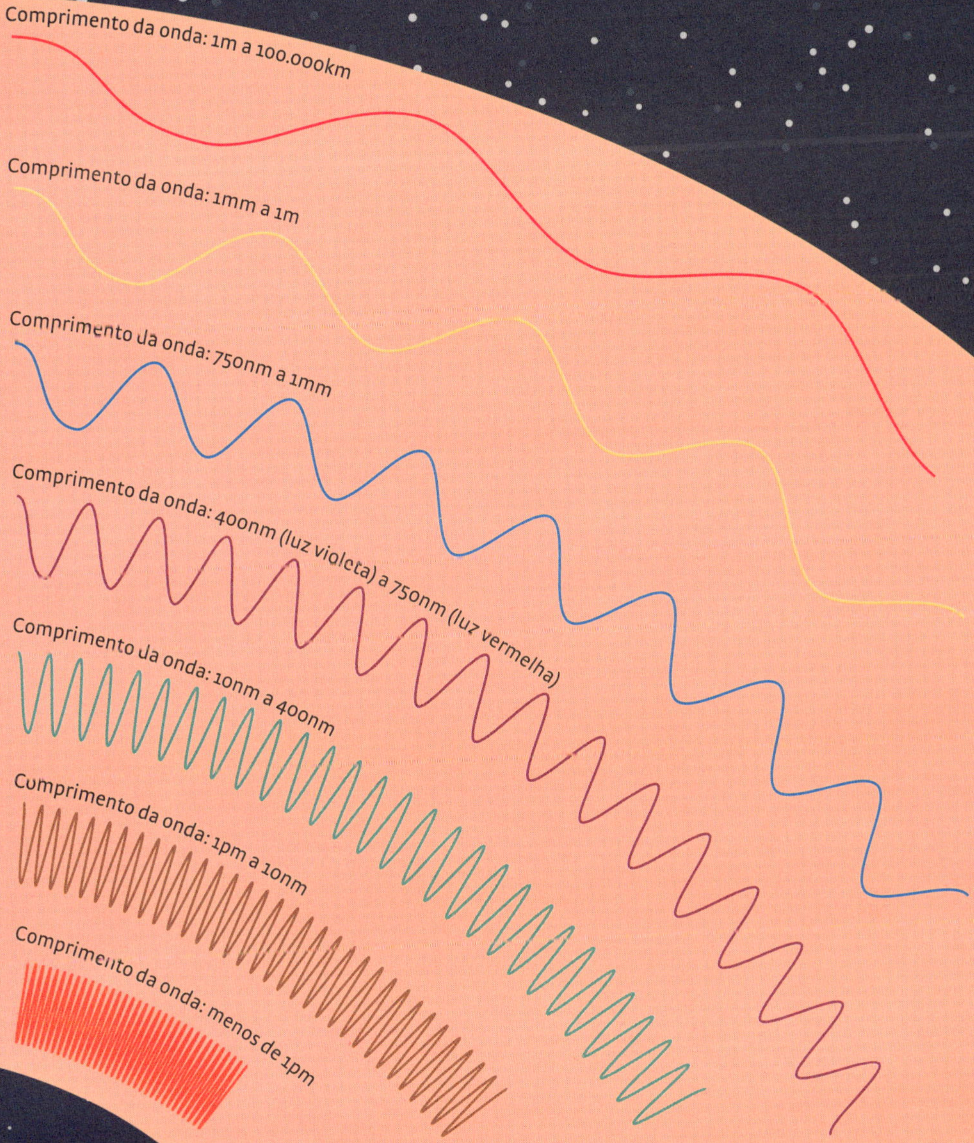

1 milímetro (mm) = 1000 micrômetros (um)
1 micrômetro (um) = 1000 nanômetros (nm)
1 nanômetro (nm) = 1000 picômetros (pm)

WORLD WIDE **WEB**

Que rede emaranhada e extensa fomos capazes de tecer, falando virtualmente!

Acesso global à internet (em % de domicílios)

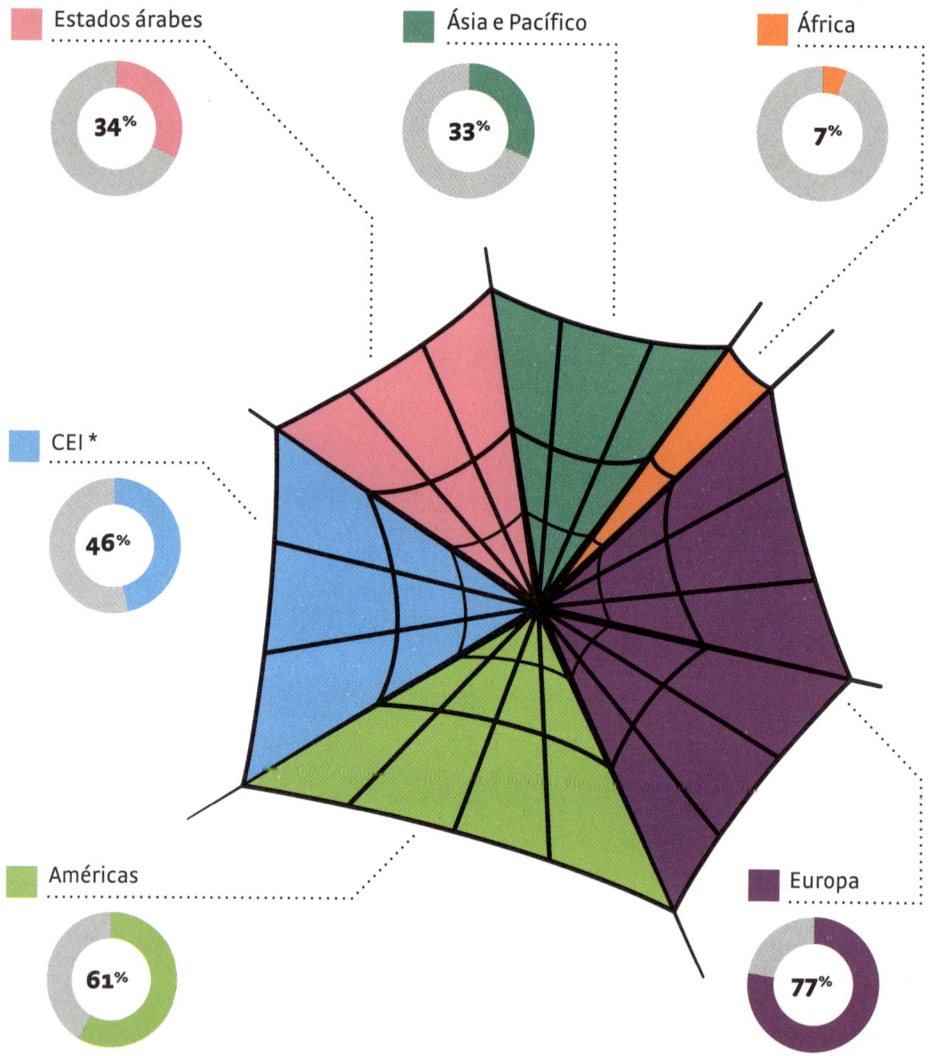

* Comunidade dos Estados Independentes, organização formada por Rússia e outras dez nações que pertenciam à União Soviética.

alexa.com, geography.oii.ox.ac.uk, itu.int

PREVISÃO DE TEMPO **RADICAL**

Seja qual for o clima na região em que vive, compare-o com o desses lugares e veja o quanto você tem sorte. Ou, se prefere tempo mais quente, mais chuvoso, mais seco ou mais frio, já sabe aonde ir.

O MAIS CHUVOSO

A vila de Mawsynram, no estado de Meghalaya, nordeste da Índia, tem uma precipitação de chuva anual de 11,873mm em média.

O MAIS SECO

Quillagua, uma vila no deserto do Atacama, no Chile, tem uma média anual de precipitação chuvosa de 0,5mm. Mas o lugar mais seco do mundo é a região dos Vales Secos, na Antártica, que praticamente não recebe chuva ou neve.

O MAIS QUENTE

A temperatura à sombra mais alta registrada de modo confiável é de 56,7°C, no Greenland Ranch, Death Valley, Califórnia, em 10 de julho de 1913.

O MAIS FRIO

Uma temperatura de -89,2°C foi registrada em 21 de julho de 1983 na estação de pesquisa russa Vostok, na Antártica.

geographical.co.uk, discovermagazine.com, theguardian.com/science, britannica.com

ISSO É QUE É **VENTO**

Quando é que se trata de ventos fortes e não de um tornado, ou de um tornado e não de um furacão? A resposta é: quando os senhores Beaufort, Fujita e Saffir-Simpson o dizem. Mas qual é a velocidade de um tornado, afinal? A seguir, algumas escalas e limites de velocidade estabelecidos pelo homem.

Veloc. Humana

Veloc. Vento

>1 km/h · 1-5,5km/h · 5,6-11km/h · 12-19km/h

20-28km/h · 29-38km/h · 39-49km/h · 50-61km/h

62-74km/h · 75-88km/h · 89-102km/h · 103-117km/h

+118km/h · 119-153km/h · 154-177km/h · 178-208km/h

209-251km/h · 252-332km/h · 333-418km/h · 419-512km/h

Escala de **BEAUFORT**

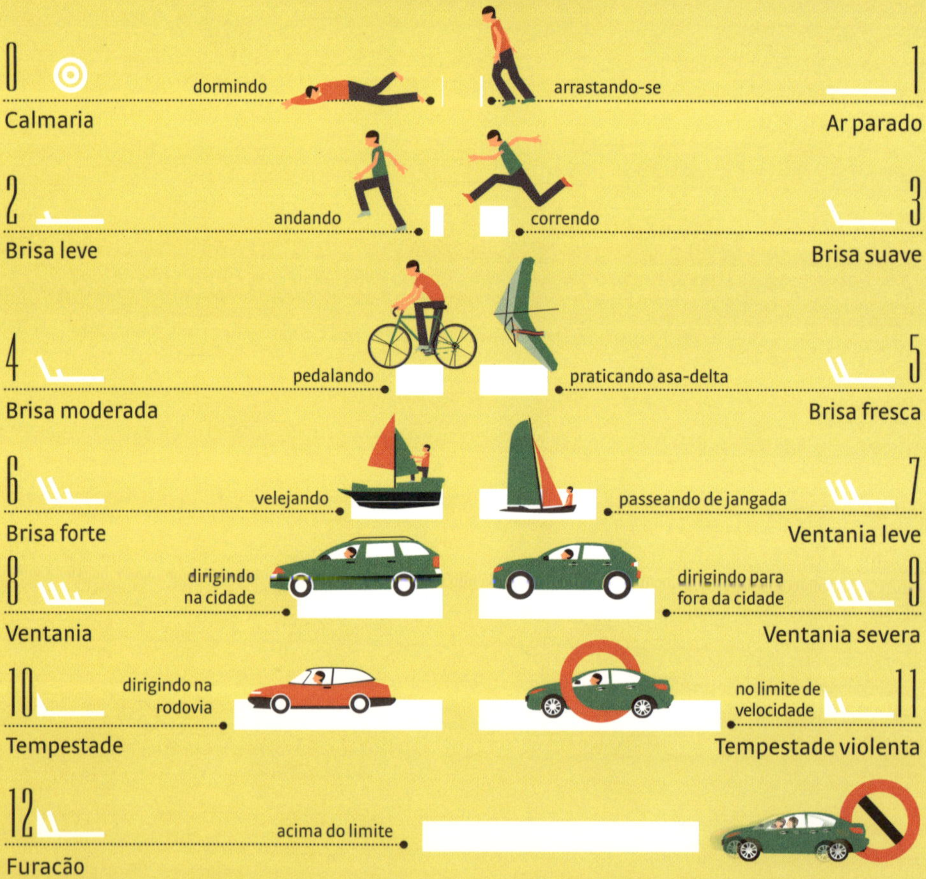

Escala **FUJITA** para Tornados

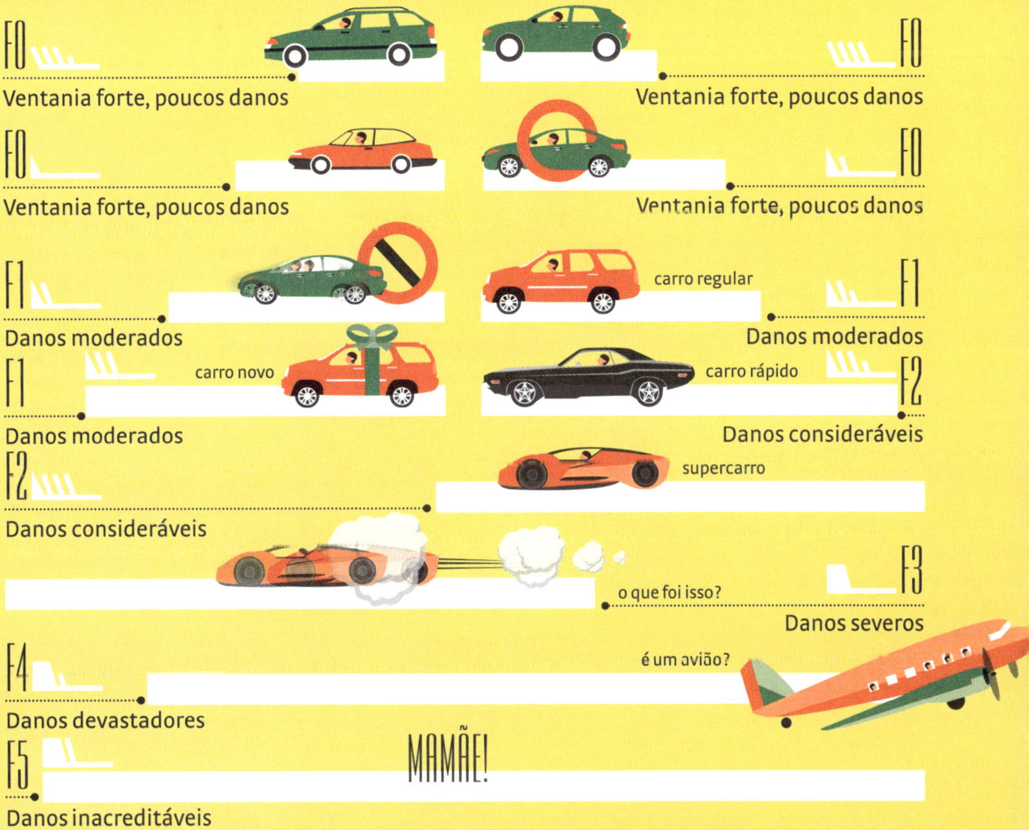

Escala de Furacões de **SAFFIR-SIMPSON**

nhc.noaa.gov, metoffice.gov.uk, outlook.noaa.gov

3 HORAS
2 HORAS
1 HORA
INSÔNIA
8+ HORAS = VIDA ÚTIL MAIS CURTA
Mariah Carey, cantora, 1970-hoje (15h+)
Albert Einstein, cientista, 1879-1955 (10-12h)
7-8 HORAS SEM PAUSA = ÓTIMO PARA O BOM FUNCIONAMENTO COGNITIVO E PARA AS HABILIDADES MOTORAS; VIDA ÚTIL MAIS LONGA
6 HORAS = DECRÉSCIMO DA FUNÇÃO COGNITIVA – BAIXA CONCENTRAÇÃO, MÁ MEMÓRIA, QUEDA DE PERFORMANCE; VIDA ÚTIL AINDA MAIS LONGA
5 HORAS OU MENOS = FADIGA, METABOLISMO RUIM, RETENÇÃO DE AÇÚCAR NO SANGUE, PESO CORPORAL IRREGULAR, MÁ COORDENAÇÃO ÓCULO-MANUAL E REFLEXO
Jay Leno, apresentador do programa de TV *Tonight Show/The Jay Leno Show*, 1992-hoje (5h)
Bill Clinton, presidente dos EUA, 1993-2001 (5h)
Benjamin Franklin, pai fundador dos EUA, governador da Pensilvânia 1785-1788 (5h)
Winston Churchill, primeiro-ministro da Inglaterra, 1940-1945, 1951-1955 (5h)
Thomas Edison, inventor da lâmpada elétrica, 1847-1931 (4h)
Martha Stewart, magnata dos negócios, escritora, personalidade da TV, 1941- (4h)
Barack Obama, presidente dos EUA, 2009-2017 (4h)
Marissa Mayer, presidente e CEO do Yahoo!, 2012-hoje (4h)
Margaret Thatcher, primeira-ministra da Inglaterra, 1979-1990 (4h)
Indra Nooyi, presidente e CFO da PepsiCo em 2001, depois CEO em 2006 (4h)
Jack Dorsey, fundador do Twitter, 1976- (4h)
Donald Trump, magnata dos negócios, 1946- (4h)
Silvio Berlusconi, primeiro-ministro da Itália, 1994-1995, 2001-2006, 2008-2011 (4h)
Napoleão Bonaparte, imperador da França, 1804-1815 (4h)
Isaac Newton, descobridor da gravidade, 1643-1727 (2-3h)
Nikola Tesla, inventor, 1856-1943 (2-3h)
Thomas Jefferson, presidente dos EUA, 1801-1809 (2-3h)
O QUANTO AS PESSOAS DE SUCESSO DIZEM DORMIR

O SONO DO **SUCESSO**

A história é repleta de pessoas bem-sucedidas que afirmavam categoricamente que dormir é para os fracos. No entanto, pesquisas científicas do século XXI sugerem que eles estavam errados, e por boas razões, como mostrado aqui.

wikipedia.org, sleepfoundation.org

BOMBEANDO!

Fazer a comparação entre o quanto de petróleo está sendo extraído por dia e as reservas estimadas de cada país nos dá ideia do tempo que ainda poderemos depender de combustíveis fósseis. O porte das reservas também indica qual país permanecerá como o mais rico e poderoso enquanto precisarmos de seus recursos naturais.

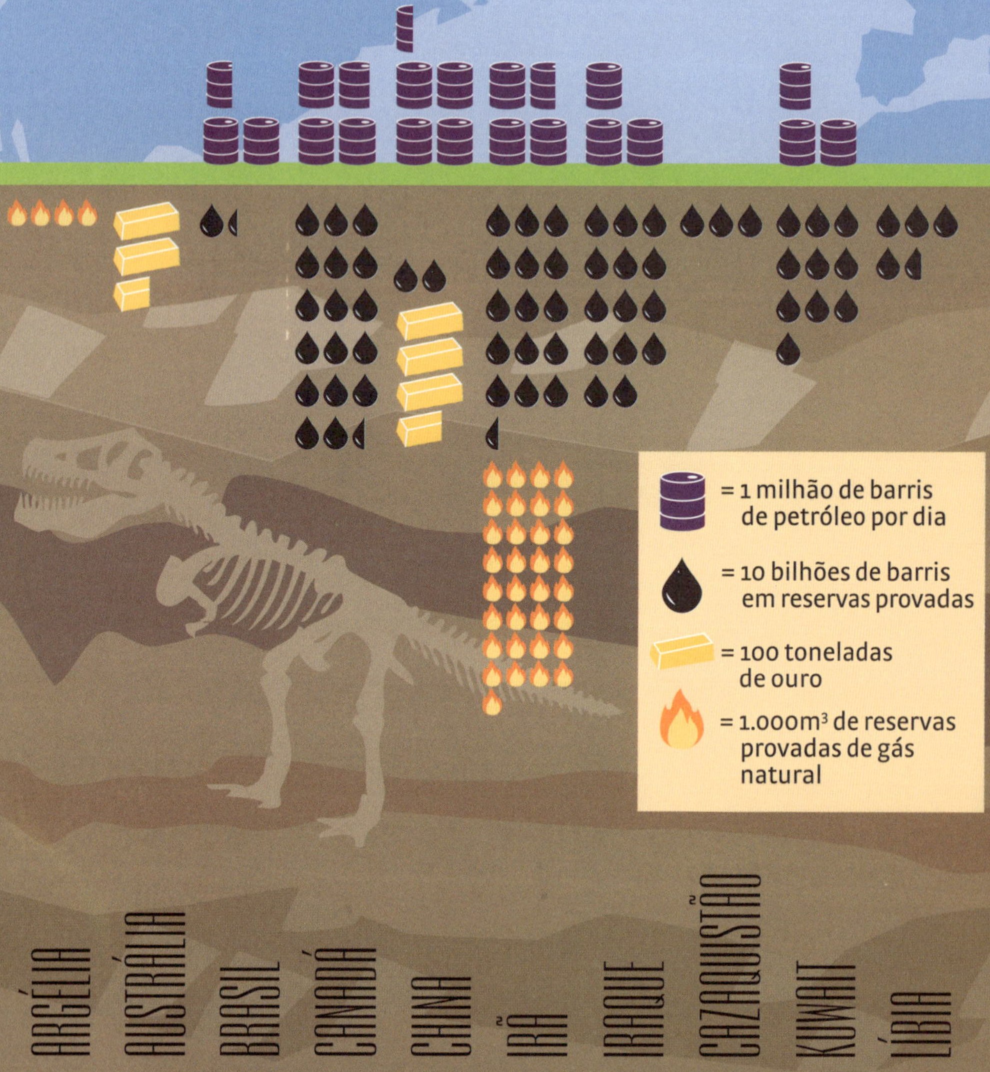

nhc.noaa.gov, metoffice.gov.uk, outlook.noaa.gov

VOCÊ É UM HOMEM **OU UM RATO?**

Trata-se de uma disputa acirrada. A composição genética humana é só um pouco mais complexa do que a de uma drosófila, e nosso genoma é do mesmo tamanho que o do rato.

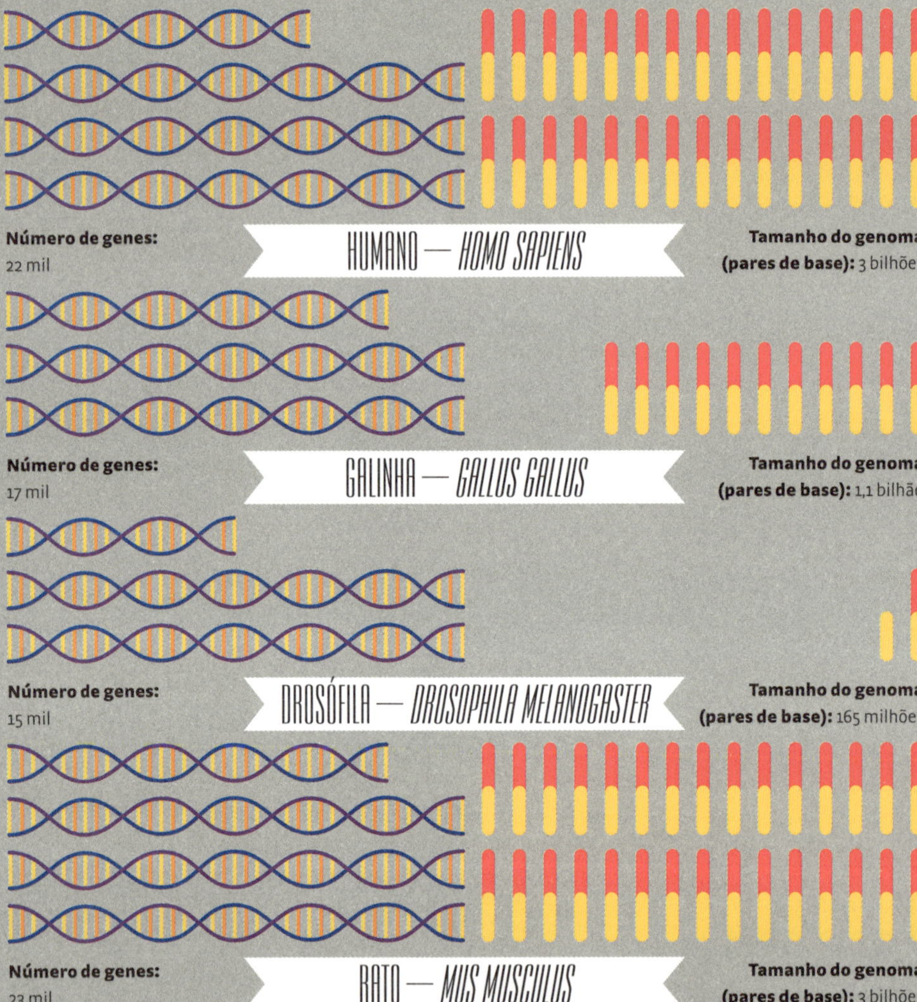

Número de genes ainda não identificado

PEIXE PULMONADO — *PROTOPTERUS AETHIOPICUS*

Tamanho do genoma (pares de base): 133 bilhões (maior genoma animal)

nature.com, Oxford Dictionary of Biology, ncbi.nlm.nih.gov/genome, genome.gov

COMPOSIÇÃO QUÍMICA

O humano adulto com peso-padrão de 70kg contém cerca de 7×10^{27} átomos e vestígios detectáveis de 60 elementos químicos. Acredita-se que os 28 elementos mostrados nestas páginas têm papel positivo na vida e na saúde.

◆ Massa (kg)
● Porcentagem atômica

Nº	Símbolo	Elemento	◆ Massa (kg)	● Porcentagem atômica
3	Li	Lítio	0,000007	0,0000015
17	Cl	Cloro	0,095	0,024
6	C	Carbono	16	12
24	Cr	Crômio	0,000014	8,9E-08
12	Mg	Magnésio	0,019	0,007
7	N	Nitrogênio	1,8	1,1
27	Co	Cobalto	0,000003	3,0E-07
26	Fe	Ferro	0,0042	0,00067
15	P	Fósforo	0,078	0,22
28	Ni	Níquel	0,000015	0,0000015
30	Zn	Zinco	0,0023	0,00031
16	S	Enxofre	0,14	0,038

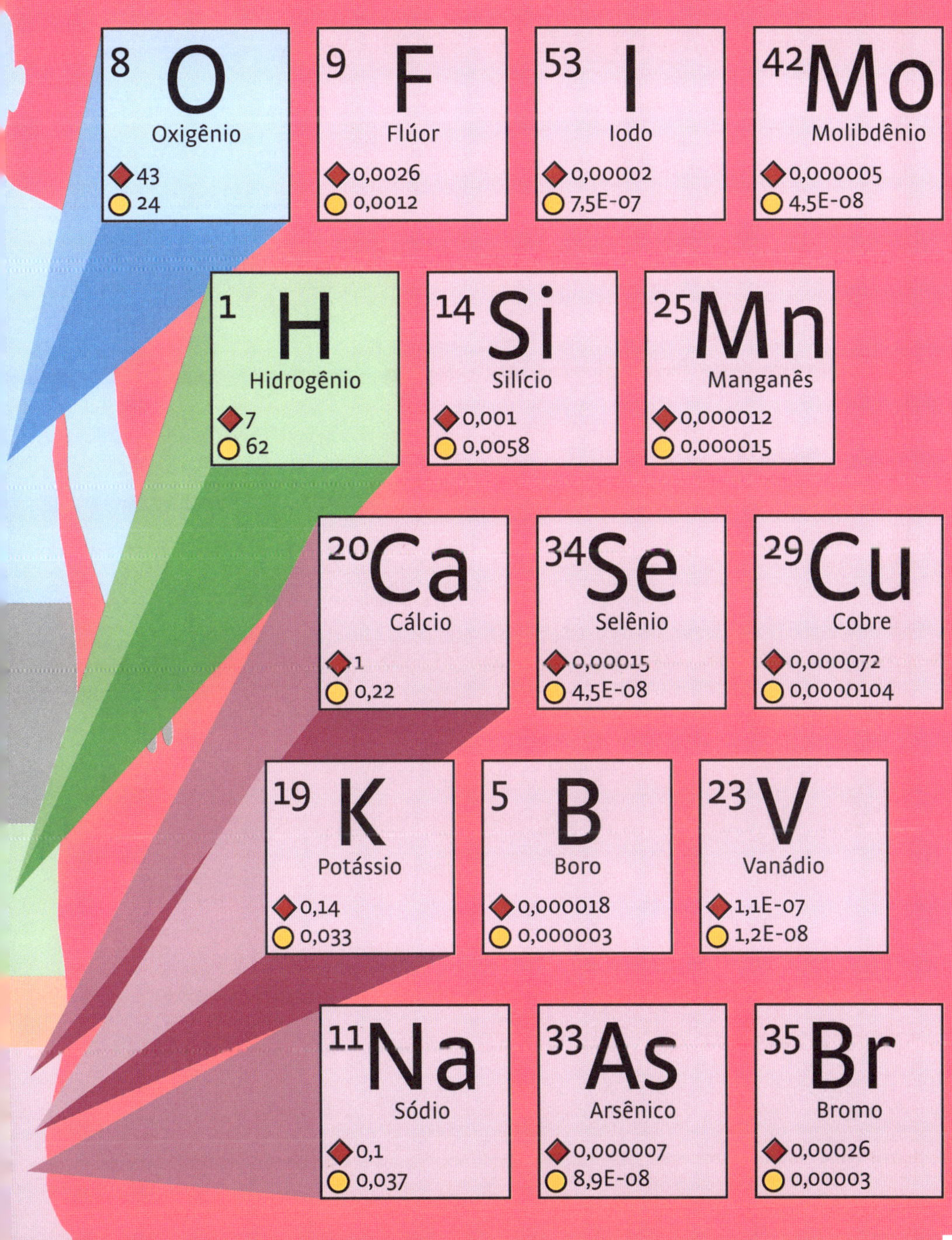

Enc Britannica, Hutchinson's Unabridged Enc, foresight.org/Nanomedicine

A EVOLUÇÃO DA **LINGUAGEM**

A capacidade de o homem se comunicar começou com grunhidos há mais de 10 mil anos e, por volta do século XXI, chegou ao Gangnam style e aos tuítes. Segundo especialistas, antes que as tribos começassem a vagar pela Terra, todas elas falavam o mesmo tipo de proto-indo-europeu. Mais tarde, passaram a se comunicar nas próprias línguas.

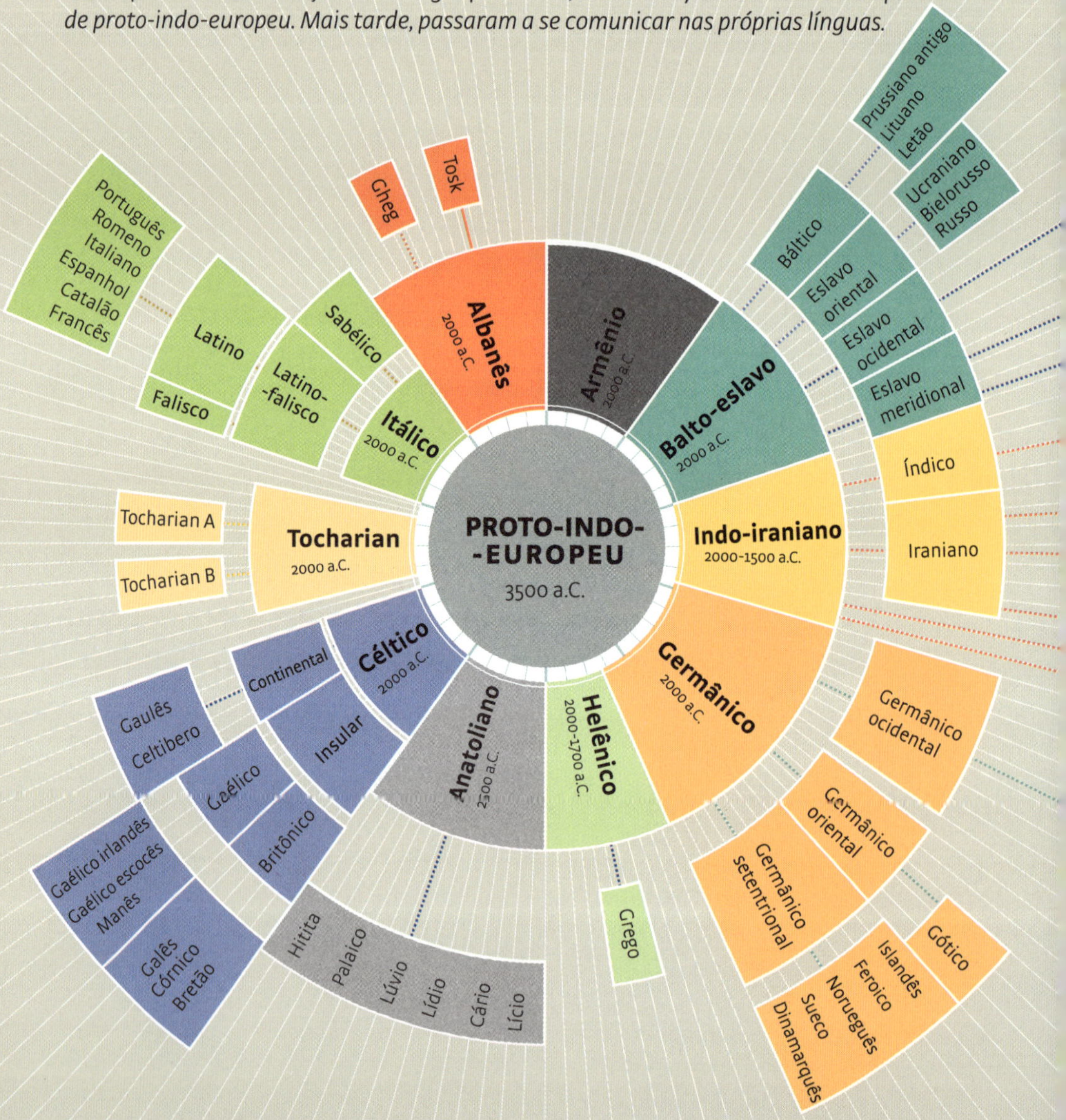

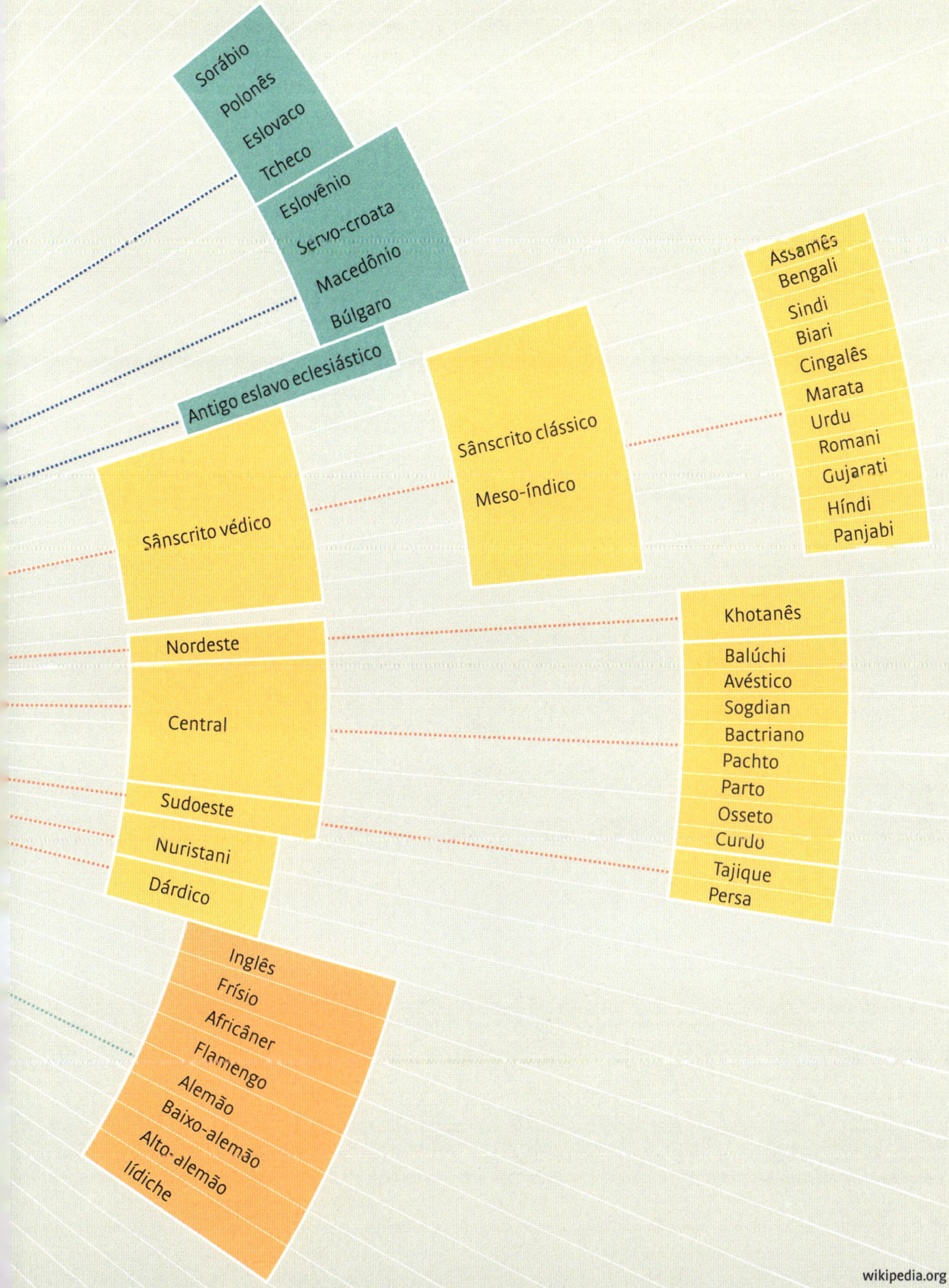
Sorábio
Polonês
Eslovaco
Tcheco
Eslovênio
Servo-croata
Macedônio
Búlgaro
Antigo eslavo eclesiástico
Sânscrito védico
Sânscrito clássico
Meso-índico
Assamês
Bengali
Sindi
Biari
Cingalês
Marata
Urdu
Romani
Gujarati
Híndi
Panjabi
Nordeste
Central
Sudoeste
Nuristani
Dárdico
Khotanês
Balúchi
Avéstico
Sogdian
Bactriano
Pachto
Parto
Osseto
Curdo
Tajique
Persa
Inglês
Frísio
Africâner
Flamengo
Alemão
Baixo-alemão
Alto-alemão
Iídiche

A NOVA **GERAÇÃO** DE ENERGIA

Usando o poder do sol, dos ventos e da água, todas as nações do mundo deveriam começar a substituir as estações de energia alimentadas por combustíveis fósseis por uma alternativa verde. A seguir, veja quais são os países mais bem-sucedidos na produção de energia sustentável.

ENERGIA SOLAR NO MUNDO

os dez países com maior capacidade fotovoltaica (PV) instalada, em 2012, em megawatts (MW)

7.630	Alemanha
4.950	China
4.223	Itália
3.282	EUA
1.790	Japão
1.427	Índia
1.012	França
993	Austrália
933	Bulgária
817	Reino Unido

Total mundial 32.340MW
Nota: dispositivos fotovoltaicos (PV) convertem energia solar em eletricidade.

ENERGIA EÓLICA NO MUNDO

(em 2013, por capacidade instalada, em MW)

80.827	China
60.009	EUA
30.442	Alemanha
22.907	Espanha
19.564	Índia
9.610	Reino Unido
8.415	Itália
7.821	França
6.578	Canadá
4.578	Dinamarca

MAIORES HIDRELÉTRICAS DO MUNDO (CAPACIDADE INSTALADA, MW)

Três Gargantas, China **(22.500)**
Itaipu, Brasil/Paraguai **(14.000)**
Guri, Venezuela **(8.850)**
Tucuruí, Brasil **(8.370)**
Grand Coulee, EUA **(6.809)**

ENERGIA HIDRELÉTRICA NO MUNDO

os dez países com maior capacidade instalada (em gigawatts – GW, em 2012)

200	China
84	Brasil
78,2	EUA
74,4	Canadá
49,5	Rússia
38	Índia
29,6	Noruega
27,5	Japão
21	França
20	Itália

Restante do mundo 301,6
Mundo 926,1

PORCENTAGEM QUE A ENERGIA HIDRELÉTRICA OCUPA NA PRODUÇÃO TOTAL DO PAÍS (%)

99	Noruega
83,9	Brasil
73,4	Venezuela
59	Canadá
48,8	Suécia
19	Rússia
17,5	Índia
15,5	China
14	Itália
8	França

Restante do mundo 14,3 (excluindo países sem produção de energia hidrelétrica)
Mundo 15,9

reneweconomy.com.au, wwindea.org, srren.ipcc-wg3.de, earth-policy.org

VALE MAIS **MORTO DO QUE VIVO**

O negócio da doação de órgãos é caro e, às vezes, obscuro. Os custos de operações nos EUA e em outros países são proibitivos para quem não tem plano de saúde, o que levou a um aumento no mercado negro de partes do corpo humano. Para quem quiser vender um pedaço seu, eis um guia do quanto custa cada coisa.

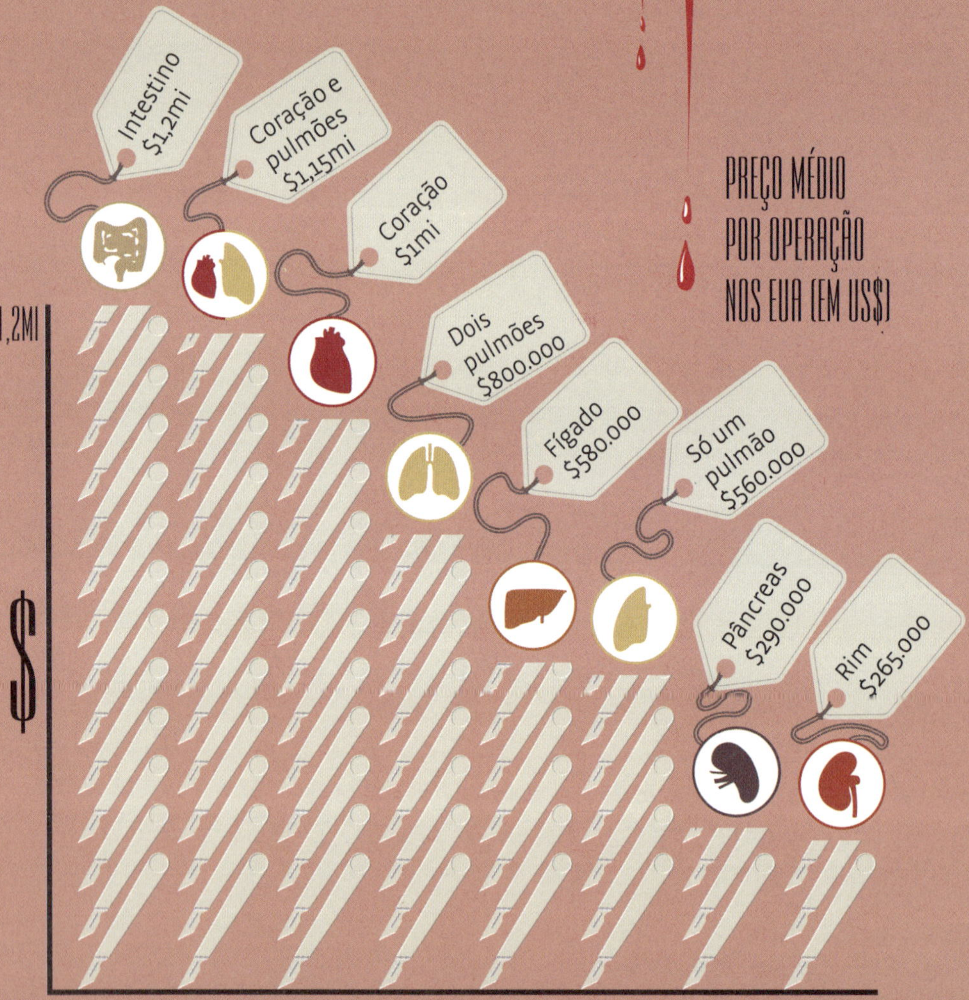

PREÇOS NO MERCADO NEGRO AMERICANO PARA COMPRAR, EM US$ (OUTROS PAÍSES)

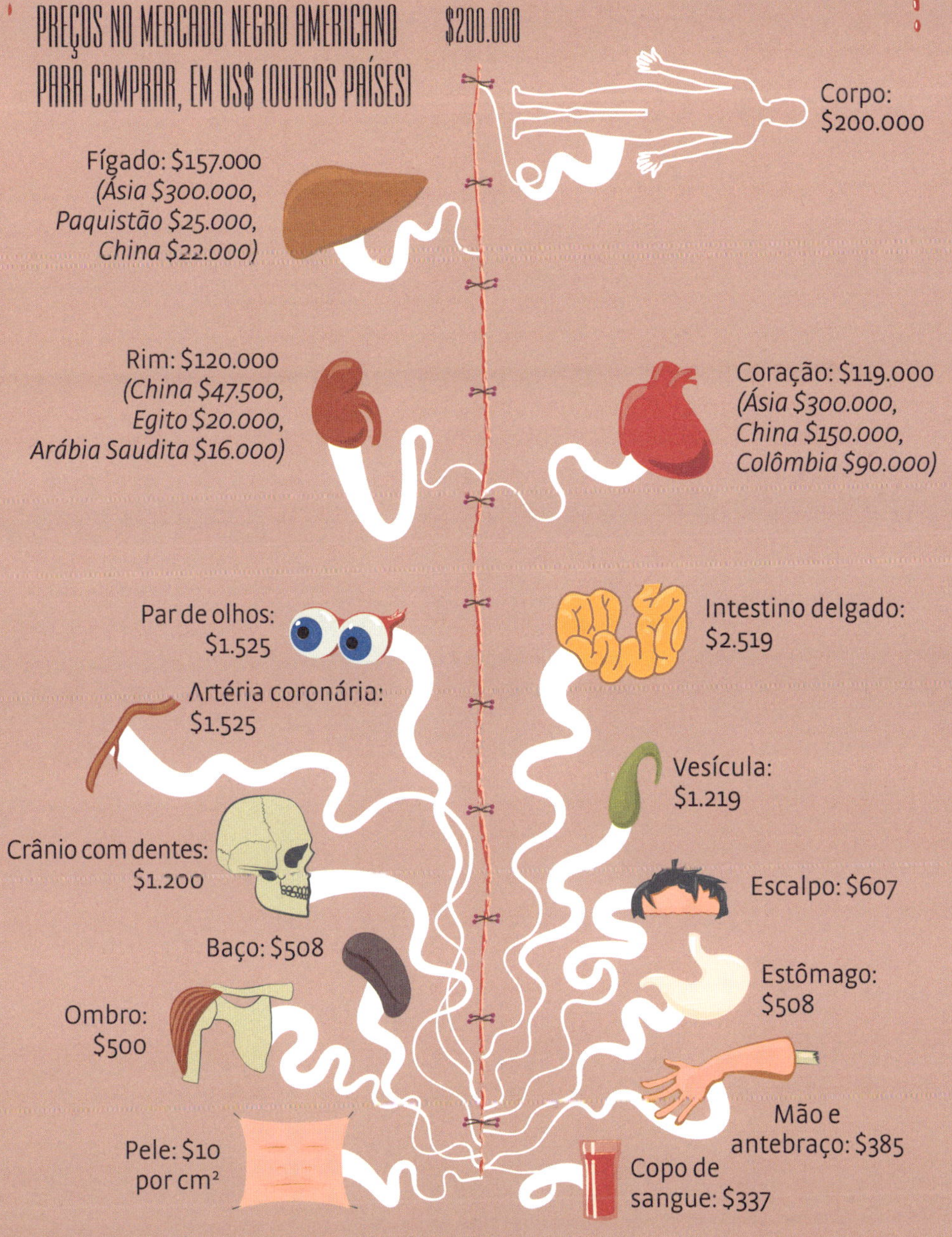

É relatado o roubo de 117 mil corpos nos EUA todo ano

gizmodo.com, statisticbrain.com, guardian.co.uk, havocscope.com

O SOL ESTÁ **COM TUDO**

O Sol responde por 99,8% da massa do sistema solar – são 743 vezes a massa de todos os planetas que compõem o sistema juntos. Sem ele estaríamos mortos. Mas, ao mesmo tempo, a Terra precisa estar à distância certa do Sol para não queimar.

Massa:
1.989.100.000.000.000.000.000.000.000.000kg

Temperatura:

No núcleo do sol é em torno de **15.000.000°C**

A temperatura na superfície (fotosfera) é de cerca de 5.500°C

Elemento	% do total de átomos	% da massa total
Hidrogênio	91,2	71,0
Hélio	8,7	27,1
Oxigênio	0,078	0,97
Carbono	0,043	0,40
Nitrogênio	0,0088	0,096
Silício	0,0045	0,099
Magnésio	0,0038	0,076
Néon	0,0035	0,058
Ferro	0,030	0,014
Enxofre	0,015	0,040

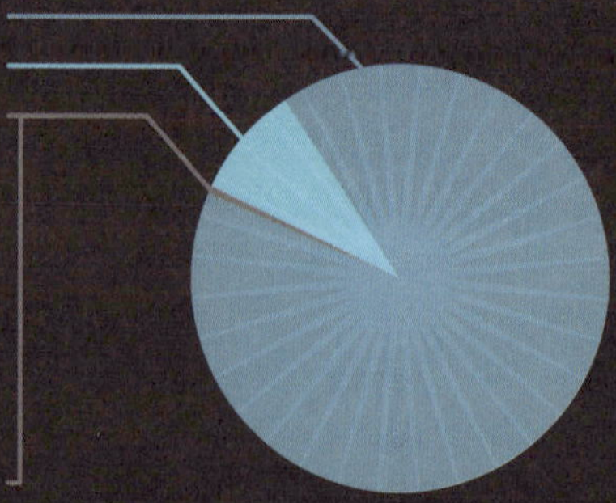

Encyclopedia Britannica, solarsystem.nasa.gov

O DIA DE **47 HORAS**

Se embarcar num avião à meia-noite logo a oeste da Linha Internacional de Data (LID) e continuar voando para oeste enquanto a Terra segue seu rumo lá embaixo, você se moverá acompanhando o Sol e "desacelerará" o tempo. Se não percorrer mais do que uma zona de fuso horário por hora, poderá esticar o dia até um máximo teórico de 47h59min59s.

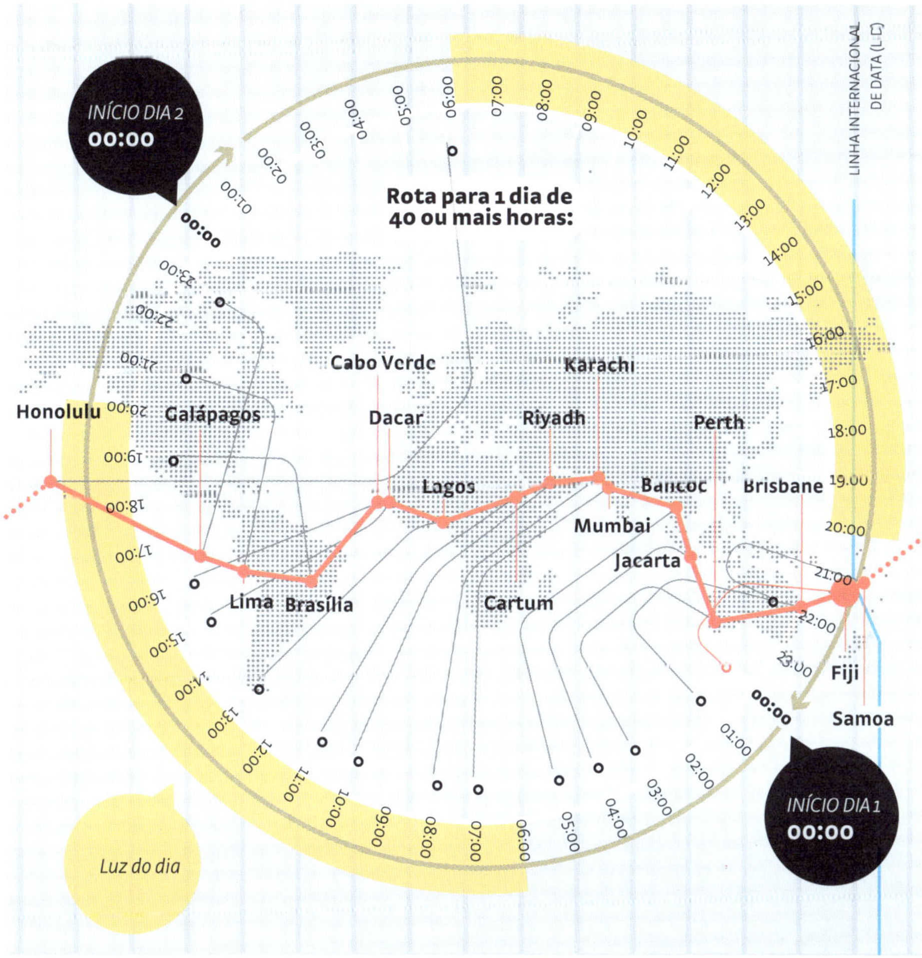

Ou

1 Você pode cruzar a LID rumo a leste para ganhar 24 horas.

2 Assim, a data a oeste da linha é repetida após a meia-noite seguinte.

3 Passe um dia em Hong Kong, voe para Honolulu e desfrute o "mesmo" dia de novo.

NOVO PLANETA, **NOVO EU**

Como perder peso e ganhar um bronzeado sem toda essa história de academia e solário? É só mudar para outro planeta. A seguir, um manual prático de iniciação aos planetas que mostra o quanto você está perto do Sol e o quanto se sente sem peso em cada um deles.

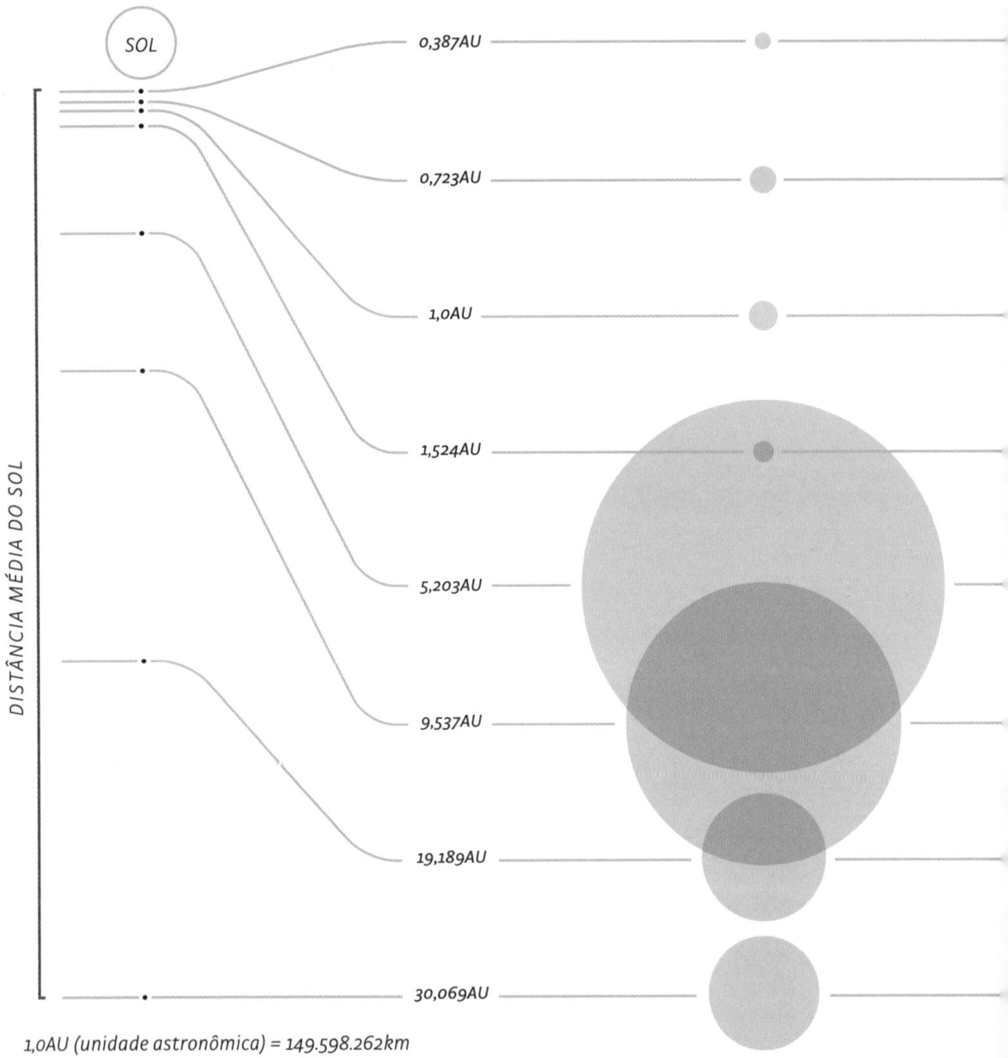

1,0AU (unidade astronômica) = 149.598.262km

	Gravidade	Duração do dia na Terra = 1	Temperatura média da superfície	Luas	Velocidade orbital média (km/h)	Diâmetro (km)	Atmosfera
Mercúrio	22kg	0,67	438C°	nenhuma	170.503	4.879	oxigênio sódio hidrogênio hélio potássio
Vênus	54kg	243,5	464C°	nenhuma	126.074	12.104	dióxido de carbono nitrogênio ácido sulfúrico
Terra	60kg	1	15C°	1	107.218	12.742	nitrogênio oxigênio outros gases
Marte	22kg	1,026	-30C°	2	86.677	6.779	dióxido de carbono nitrogênio argônio
Júpiter	28kg	0,41	-110C°	67	47.002	139.822	hidrogênio hélio
Saturno	63kg	0,44	-140C°	62	34.701	116.464	hidrogênio hélio
Urano	51kg	0,72	-195C°	27	24.477	50.724	hidrogênio hélio metano
Netuno	66kg	0,67	-200C°	14	19.566	49.244	hidrogênio hélio metano

Oxford Dictionary of Astronomy, solarsystem.nasa.gov

CÍRCULOS **DA VIDA**

Sempre disseram que a população mundial iria mudar radicalmente em relação ao que é hoje, mas será isso verdade? Aqui estão as projeções estimadas sobre como as faixas de gênero e idade vão diferir globalmente no século atual.

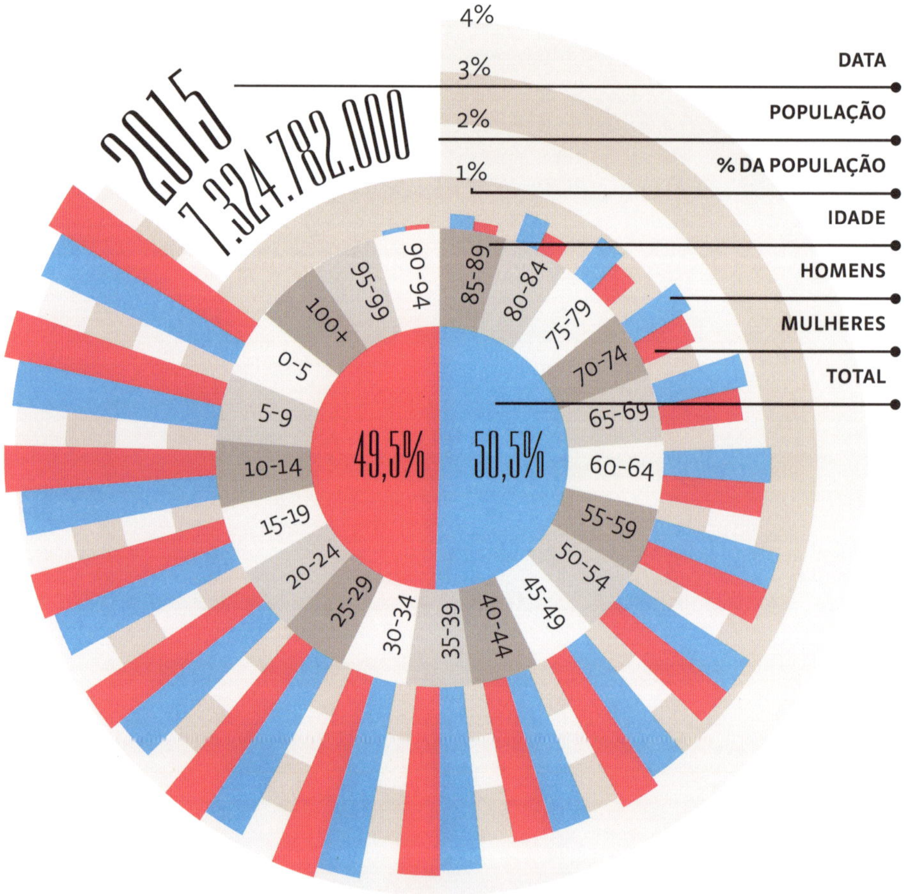

Nota: O total da população não contabiliza exatos 100% devido à desconsideração das casas centesimais dos dados. Isso significa que os dados foram manipulados anteriormente por modelos de probabilidade e softwares que não incluíram as casas centesimais.

 populationpyramid.net, un.org, economist.com, esa.un.org

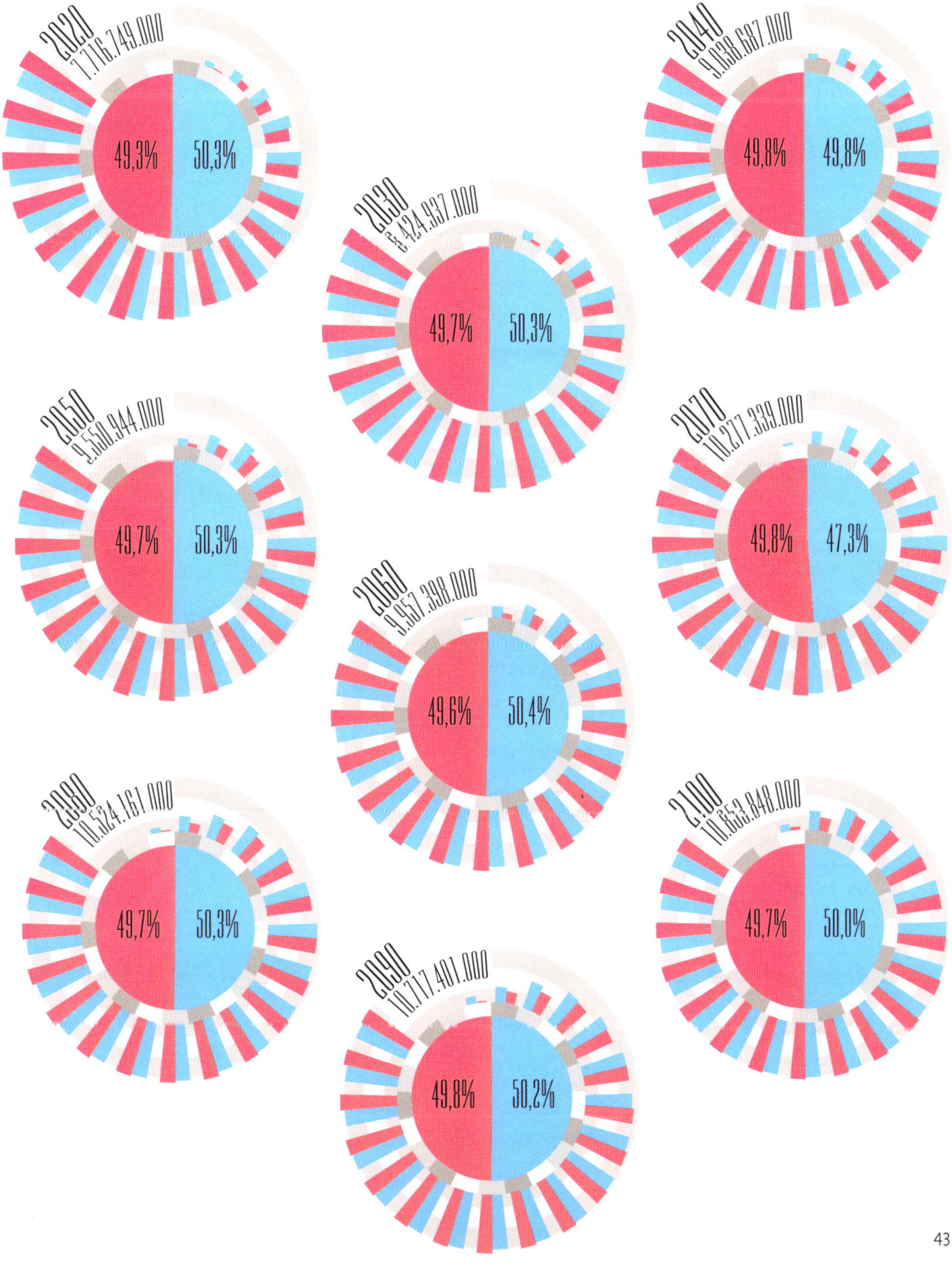
2020
7.716.749.000
49,3%
50,3%
2030
8.424.937.000
49,7%
50,3%
2040
9.038.687.000
49,8%
49,8%
2050
9.550.944.000
49,7%
50,3%
2060
9.957.398.000
49,6%
50,4%
2070
10.277.339.000
49,8%
47,3%
2080
10.524.161.000
49,7%
50,3%
2090
10.717.401.000
49,8%
50,2%
2100
10.853.848.000
49,7%
50,0%

PEQUENOS E **BARULHENTOS**

Vemos aqui que o minúsculo besouro-barqueiro é maior do que um elefante, pelo menos no quesito ruído – embora perca em tamanho até para uma drosófila, ele é, de fato, a criatura mais barulhenta já registrada. As unidades mostradas são a taxa de decibéis após a pressão acústica ser ajustada ao tamanho do corpo.

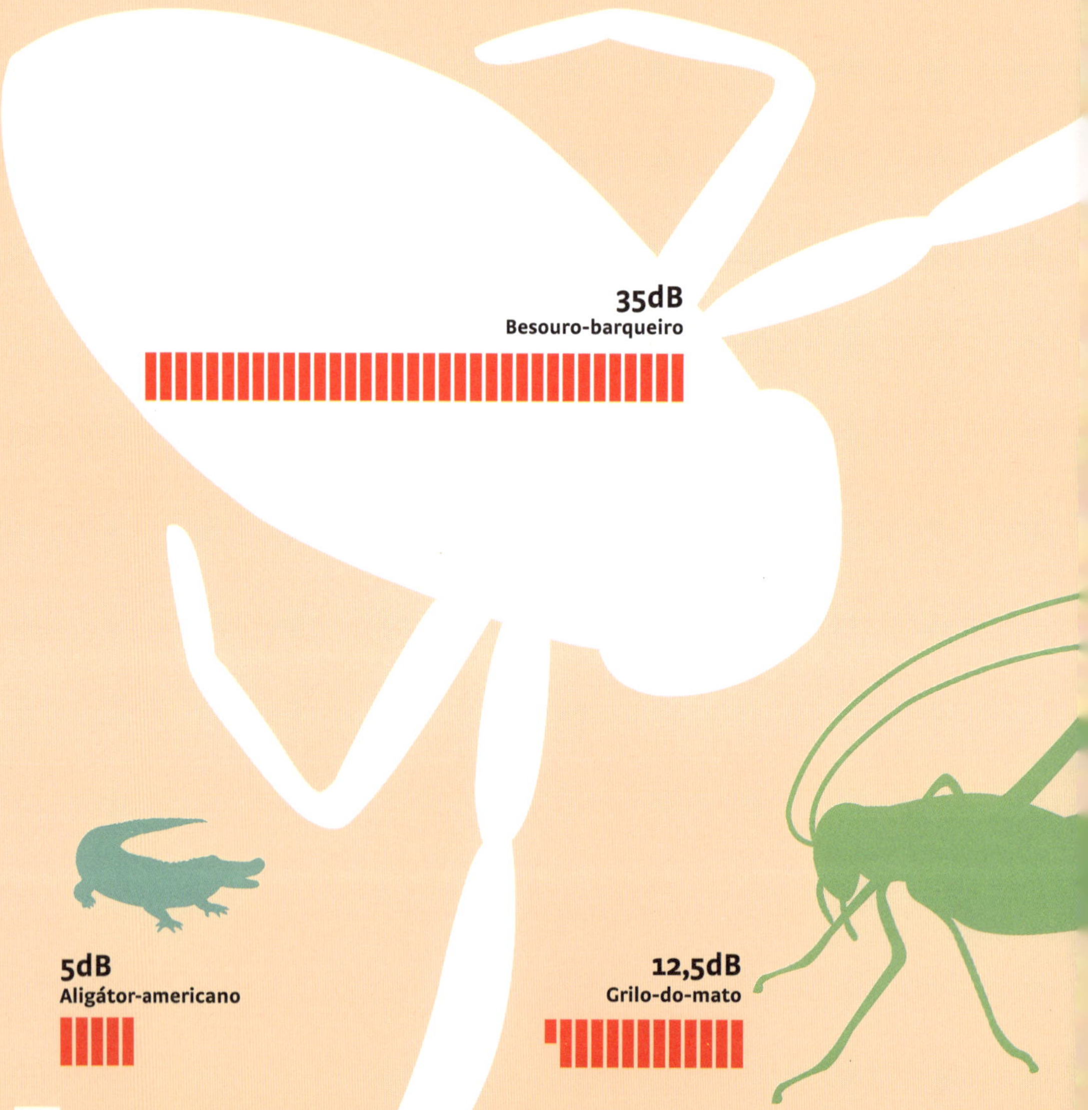

 Dr. James Windmill, University of Strathclyde

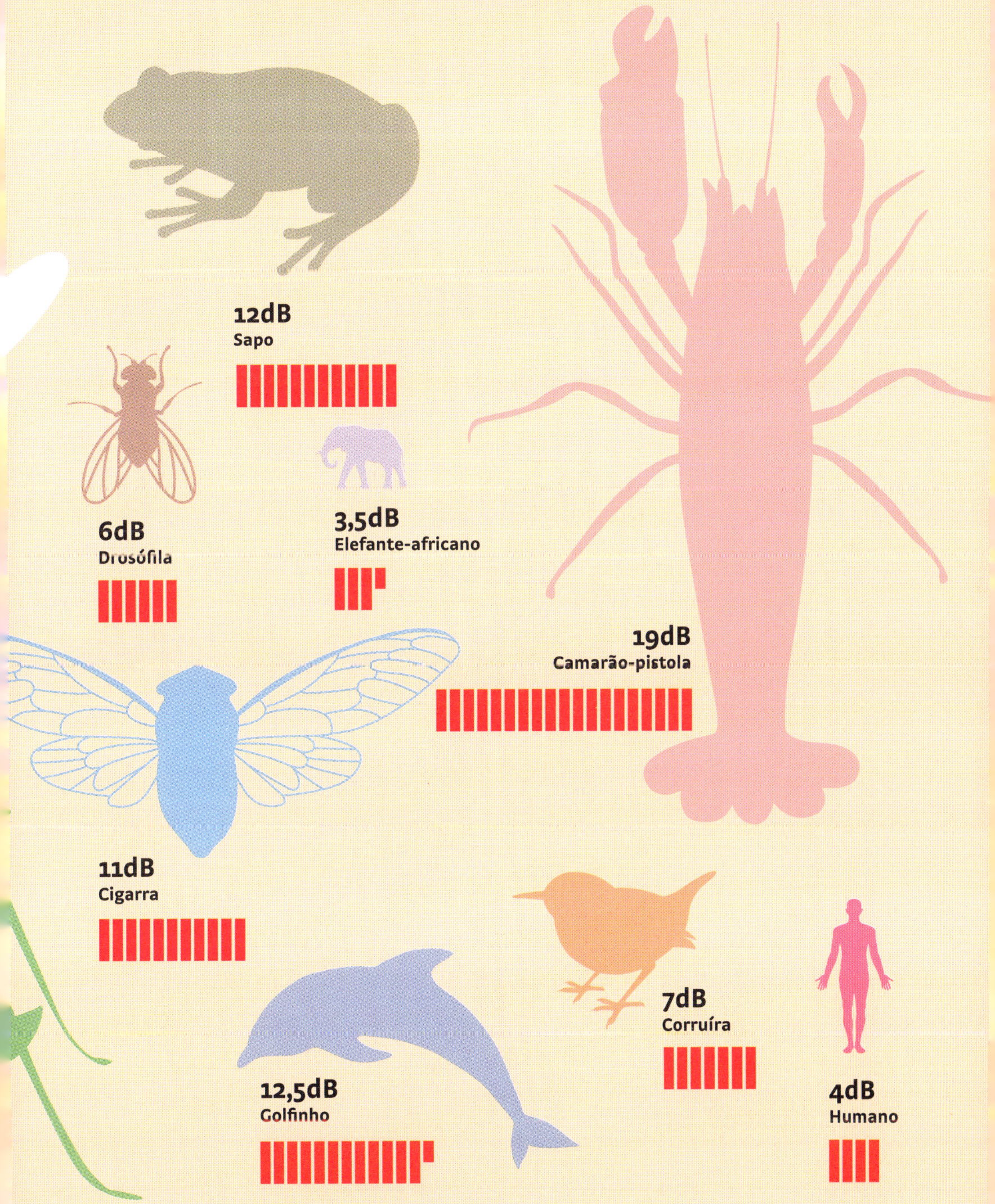
12dB
Sapo
6dB
Drosófila
3,5dB
Elefante-africano
19dB
Camarão-pistola
11dB
Cigarra
7dB
Corruíra
12,5dB
Golfinho
4dB
Humano

CRUZANDO **OS CÉUS**

Terminais de transporte aéreo que lidam com grande volume de tráfego nem sempre estão cheios de passageiros, como mostra esta comparação entre os aeroportos mais movimentados de acordo com pousos e decolagens e os mais movimentados por número de passageiros.

OS 10 MAIORES AEROPORTOS
conforme o *total de aterrissagens* e *decolagens* por ano:

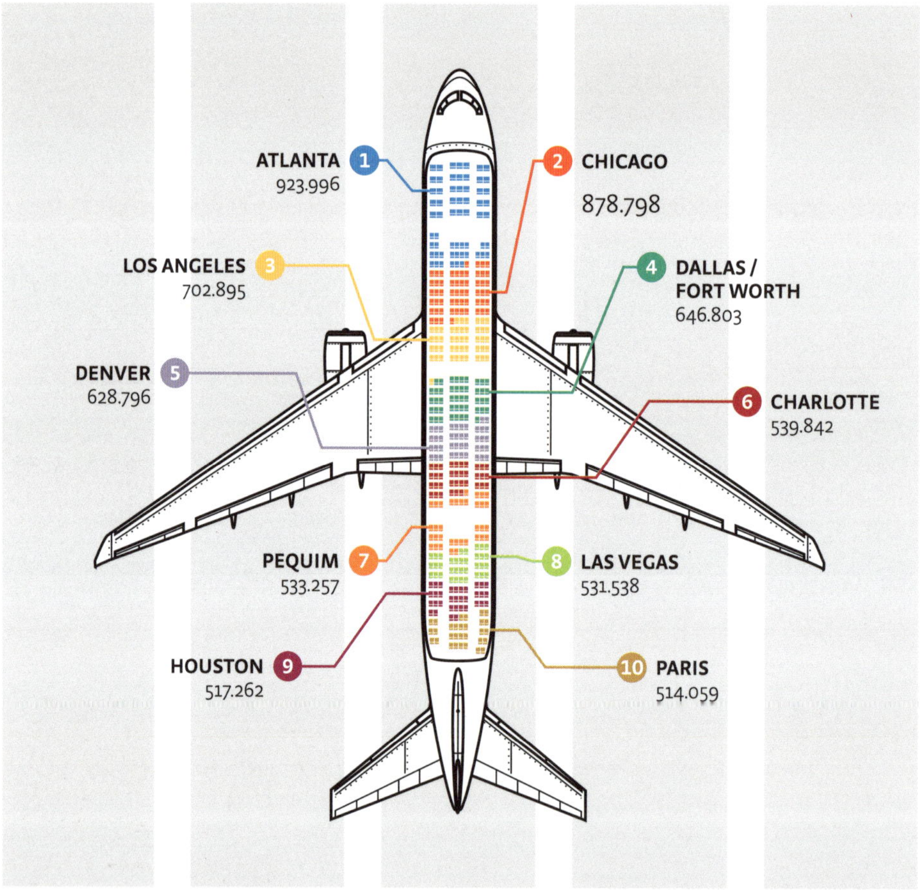

Total de aviões nos Top 10: 6.417.246
Total de assentos no avião: 425

1 x Assento = 15.060 Aviões

OS 10 MAIORES AEROPORTOS
conforme o *volume de passageiros* por ano:

Total de passageiros nos Top 10: 660.213.679
Total de assentos no avião: 425

1 x Assento = 1.553.444 Passageiros

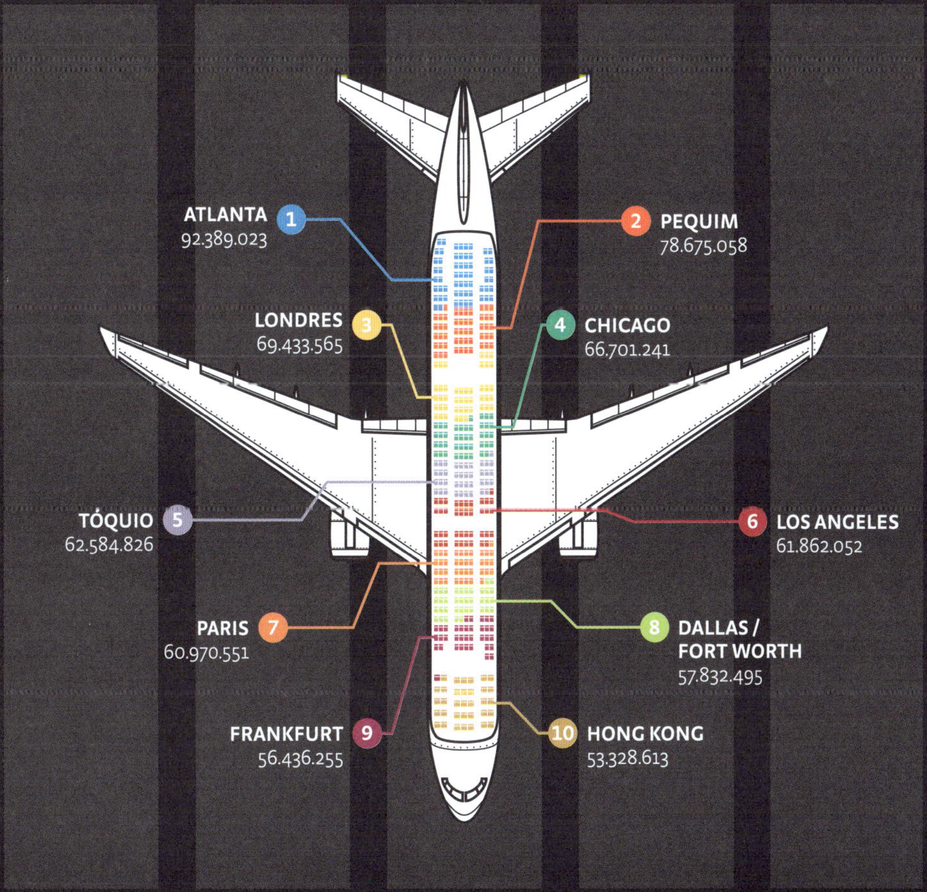

Estima-se que, a todo momento, haja 400 mil pessoas em pleno voo ao redor do mundo.

Nos EUA, 15.500 controladores de tráfego aéreo monitoram 50 mil voos por dia, e, todo dia, 1,7 milhão de passageiros embarcam em um avião no país
= 1 controlador de tráfego aéreo monitora cerca de 110 pessoas no ar ao mesmo tempo

aci.aero/data-centre/annual-traffic-data, theatlantic.com/technology, faa.gov, natca.org, airport-technology.com

ALTA ANSIEDADE

Apelidado de "Homem-Aranha", o francês Alain Robert é um escalador urbano que já subiu em muitas das estruturas mais altas do mundo. Ele pode levar até seis horas para escalar um prédio, mas alcançaria o chão em poucos segundos caso dele caísse. Calculamos o tempo da queda dos edifícios que ele já superou e acrescentamos outras metas possíveis.

ALTURA **381m**

Tempo estimado de queda **11,768s**

ESCALOU EM 1994

EMPIRE STATE BUILDING, NOVA YORK, EUA

Velocidade de queda **43,37m/s**

ALTURA **106m**

Tempo estimado de queda **5,078s**

ESCALOU EM 1996

LUXOR HOTEL, LAS VEGAS, EUA

Velocidade de queda **35,63m/s**

ALTURA **227m**

Tempo estimado de queda **8,163s**

ESCALOU EM 1996

GOLDEN GATE BRIDGE, SÃO FRANCISCO, EUA

Velocidade de queda **41,61m/s**

ALTURA **442m**

Tempo estimado de queda **13,171s**

ESCALOU EM 1999

WILLIS TOWER, CHICAGO, EUA

Velocidade de queda **43,58m/s**

ALTURA **235m**

Tempo estimado de queda **8,354s**

ESCALOU EM 2002

ONE CANADA SQUARE, LONDRES, INGLATERRA

Velocidade de queda **41,78m/s**

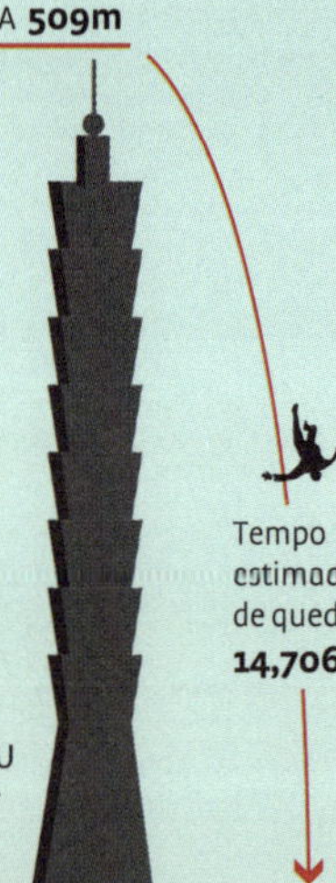

ALTURA **509m**

Tempo estimado de queda **14,706s**

ESCALOU EM 2004

TAIPEI 101, TAIPEI, REPÚBLICA DA CHINA (TAIWAN)

Velocidade de queda **43,70m/s**

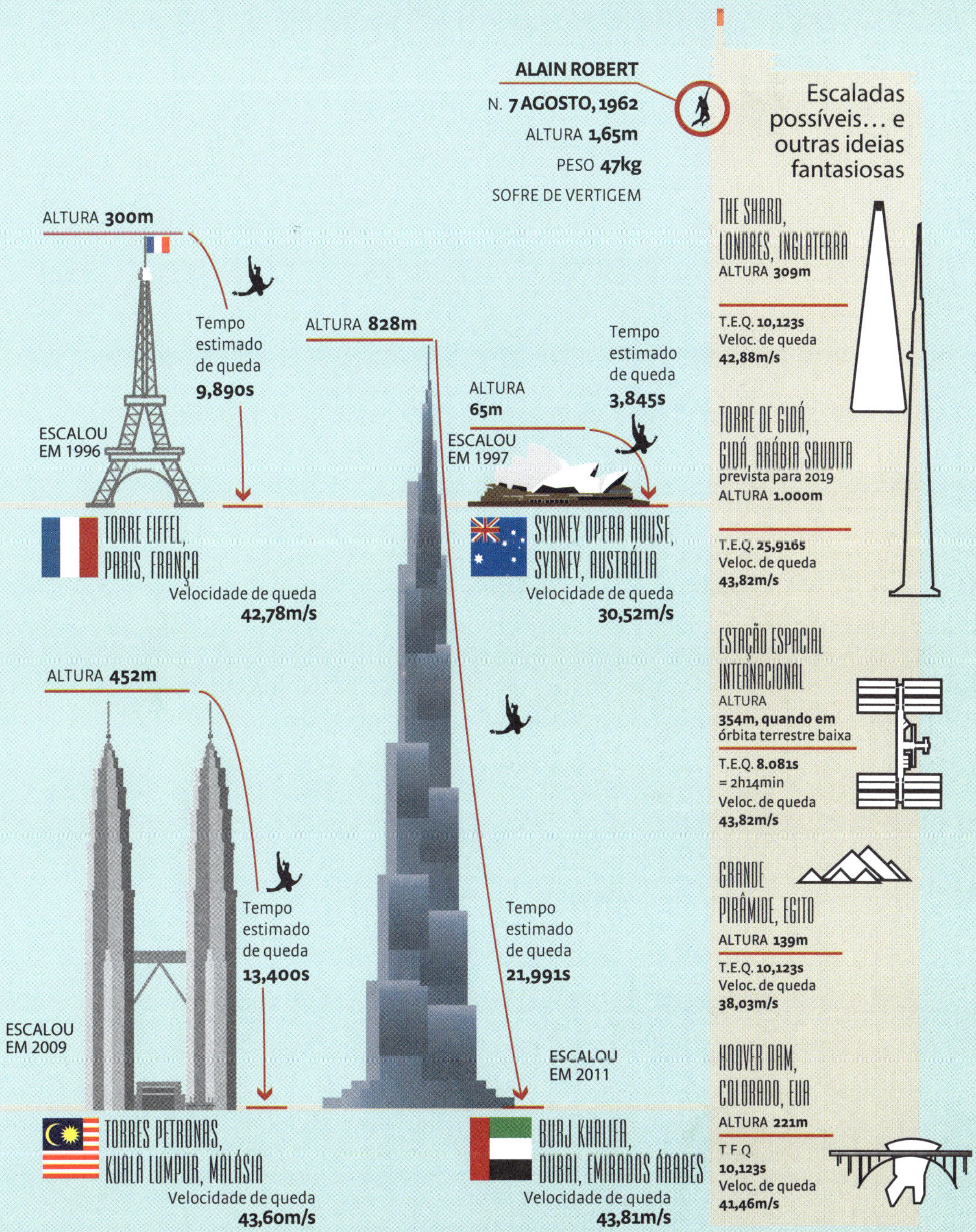
ALAIN ROBERT
N. 7 AGOSTO, 1962
ALTURA 1,65m
PESO 47kg
SOFRE DE VERTIGEM
ALTURA 300m
Tempo estimado de queda 9,890s
ESCALOU EM 1996
TORRE EIFFEL, PARIS, FRANÇA
Velocidade de queda 42,78m/s
ALTURA 828m
ALTURA 65m
Tempo estimado de queda 3,845s
ESCALOU EM 1997
SYDNEY OPERA HOUSE, SYDNEY, AUSTRÁLIA
Velocidade de queda 30,52m/s
ALTURA 452m
Tempo estimado de queda 13,400s
ESCALOU EM 2009
TORRES PETRONAS, KUALA LUMPUR, MALÁSIA
Velocidade de queda 43,60m/s
Tempo estimado de queda 21,991s
ESCALOU EM 2011
BURJ KHALIFA, DUBAI, EMIRADOS ÁRABES
Velocidade de queda 43,81m/s
Escaladas possíveis... e outras ideias fantasiosas
THE SHARD, LONDRES, INGLATERRA
ALTURA 309m
T.E.Q. 10,123s
Veloc. de queda 42,88m/s
TORRE DE GIDÁ, GIDÁ, ARÁBIA SAUDITA
prevista para 2019
ALTURA 1.000m
T.E.Q. 25,916s
Veloc. de queda 43,82m/s
ESTAÇÃO ESPACIAL INTERNACIONAL
ALTURA
354m, quando em órbita terrestre baixa
T.E.Q. 8.081s
= 2h14min
Veloc. de queda 43,82m/s
GRANDE PIRÂMIDE, EGITO
ALTURA 139m
T.E.Q. 10,123s
Veloc. de queda 38,03m/s
HOOVER DAM, COLORADO, EUA
ALTURA 221m
T.E.Q. 10,123s
Veloc. de queda 41,46m/s

TRÂNSITO **MALUCO**

Congestionamentos de trânsito nas maiores cidades do mundo são sempre notícia, e há muitos estudos que nos dizem onde é que são piores, quais os mais lentos e os mais enlouquecedores. Mas nem todos esses estudos chegam à mesma conclusão.

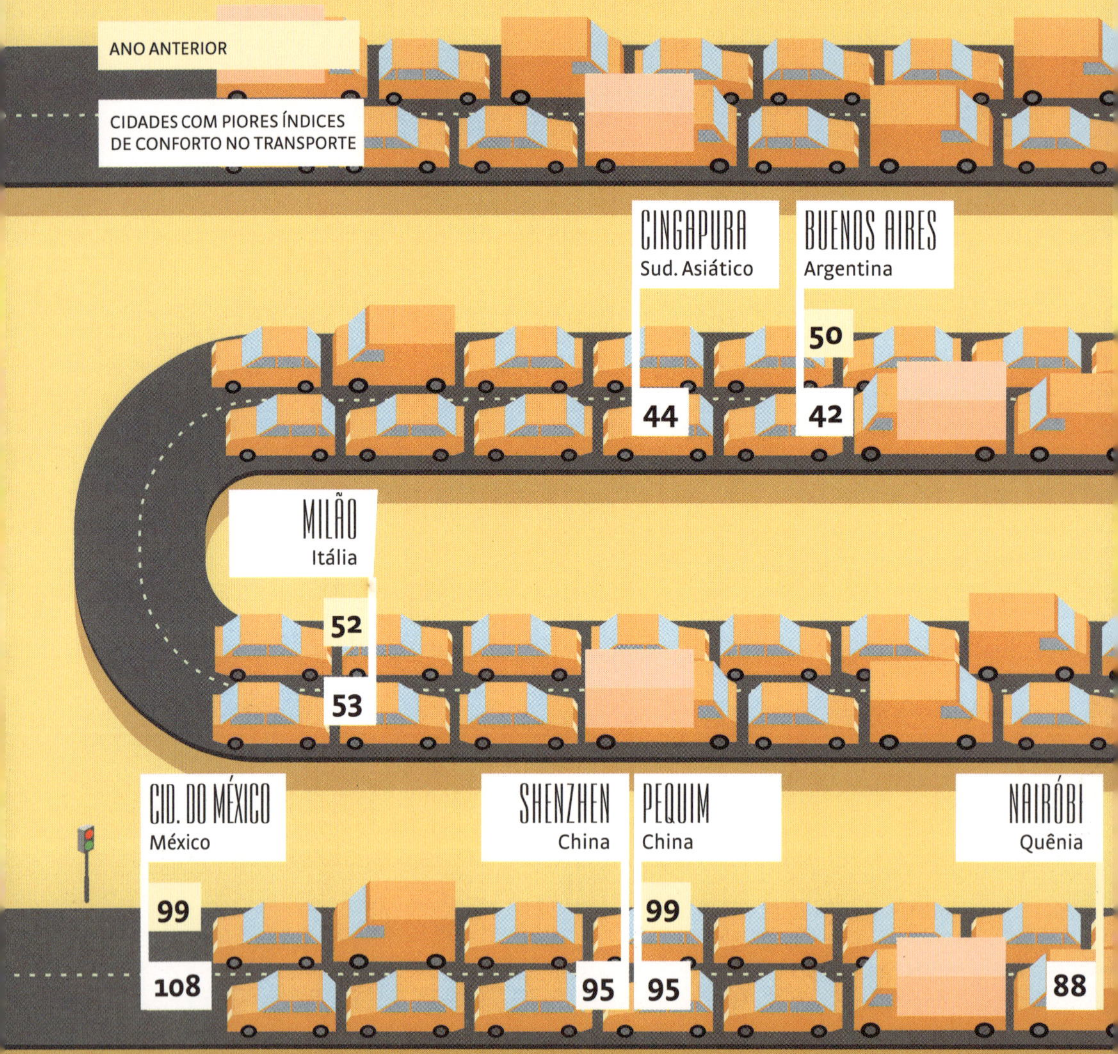

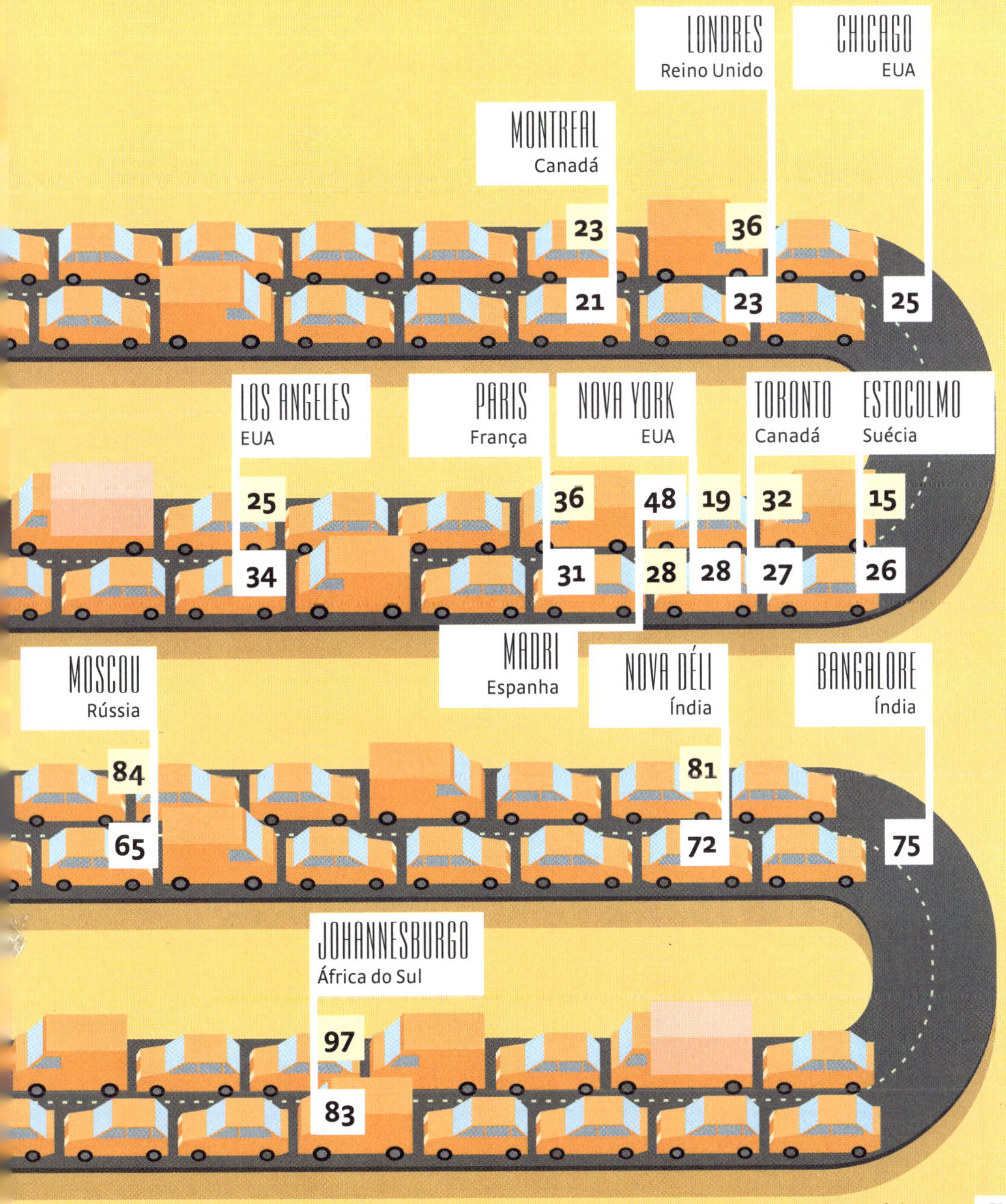

IBM, wikipedia.org, forbes.com

ESTES **NÃO SÃO** OS PLANETAS QUE VOCÊ PROCURA

Darth Vader afirmou em Guerra nas estrelas *(1977) que "a capacidade de destruir um planeta é insignificante comparada ao poder da Força" – e a* Estrela da Morte *tinha aproximadamente um quarto do tamanho da Terra. Aqui quantificamos o poder que a Força precisaria despender para destruir os planetas de nosso Universo. Mas, claro, Obi-Wan bem poderia dissuadi-lo com a explicação de que estes não são os planetas que ele procura...*

MERCÚRIO
$1{,}79 \times 10^{30}$ J

VÊNUS
$1{,}58 \times 10^{32}$ J
(sem os gases)

TERRA
$2{,}25 \times 10^{32}$ J

MARTE
$5{,}02 \times 10^{30}$ J

A Equação

$$U = \frac{GM_P^2}{5R_P}$$

G: *Constante gravitacional*

MP: *Massa do planeta*

RP: *Raio do planeta*

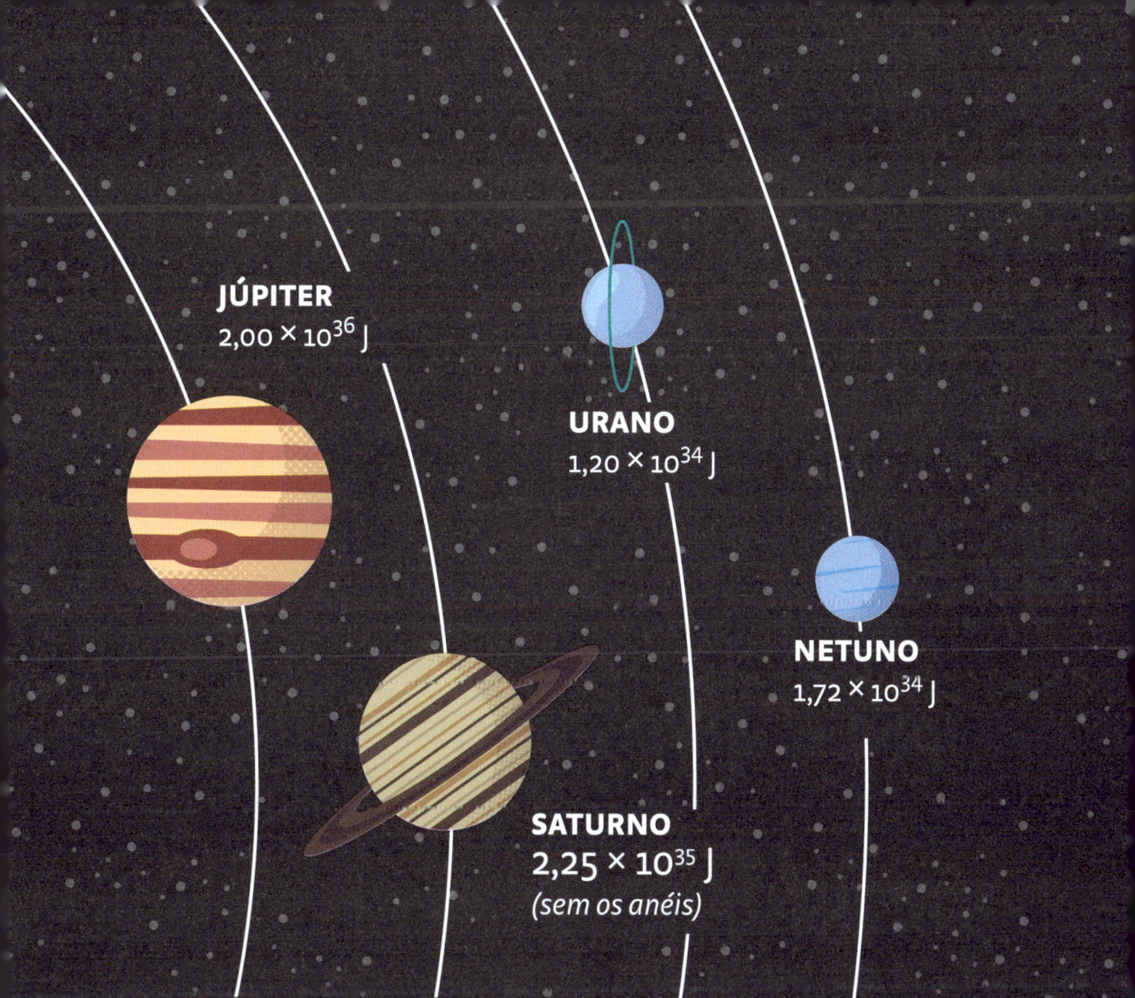

COMPARAÇÃO DE TAMANHO

Por diâmetro

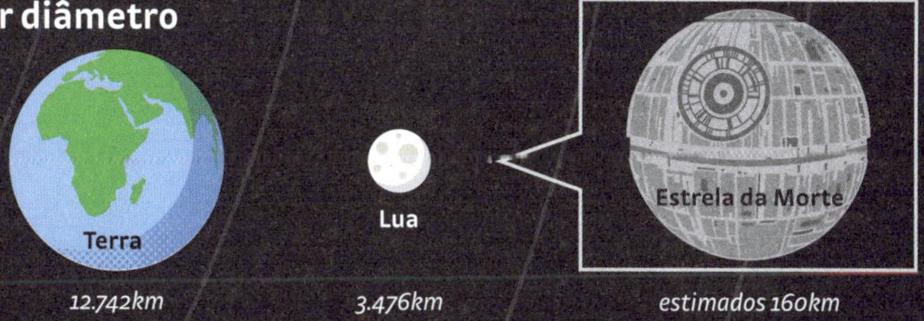

MEGACIDADES DO FUTURO

As Nações Unidas estimam que por volta de 2030 cerca de 60% das pessoas viverão em áreas urbanas. As cidades ocupam apenas 2% do território da Terra, mas consomem a maior parte da energia global. Na próxima década, 95% do crescimento urbano acontecerá no mundo em desenvolvimento, como mostra esta tabela sobre o crescimento das cidades de 1950 a 2025.

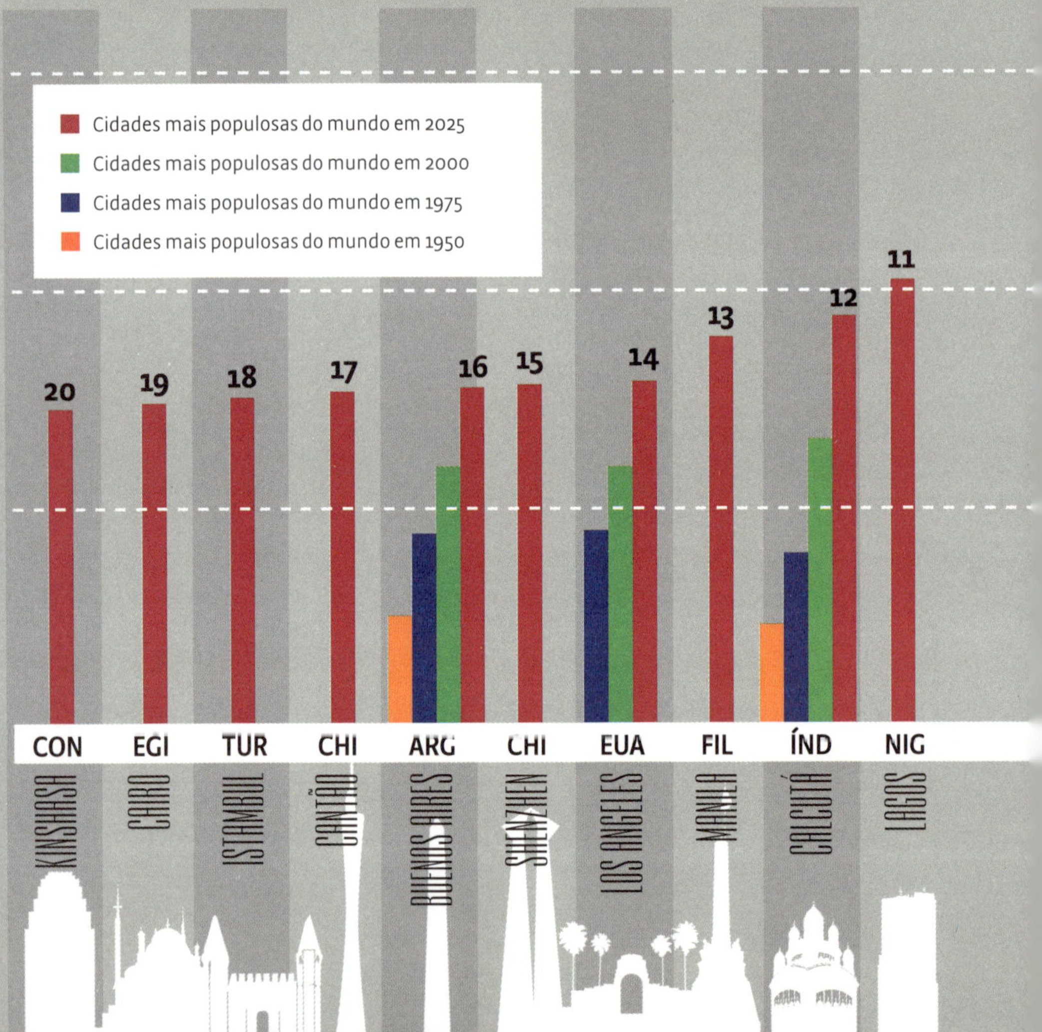

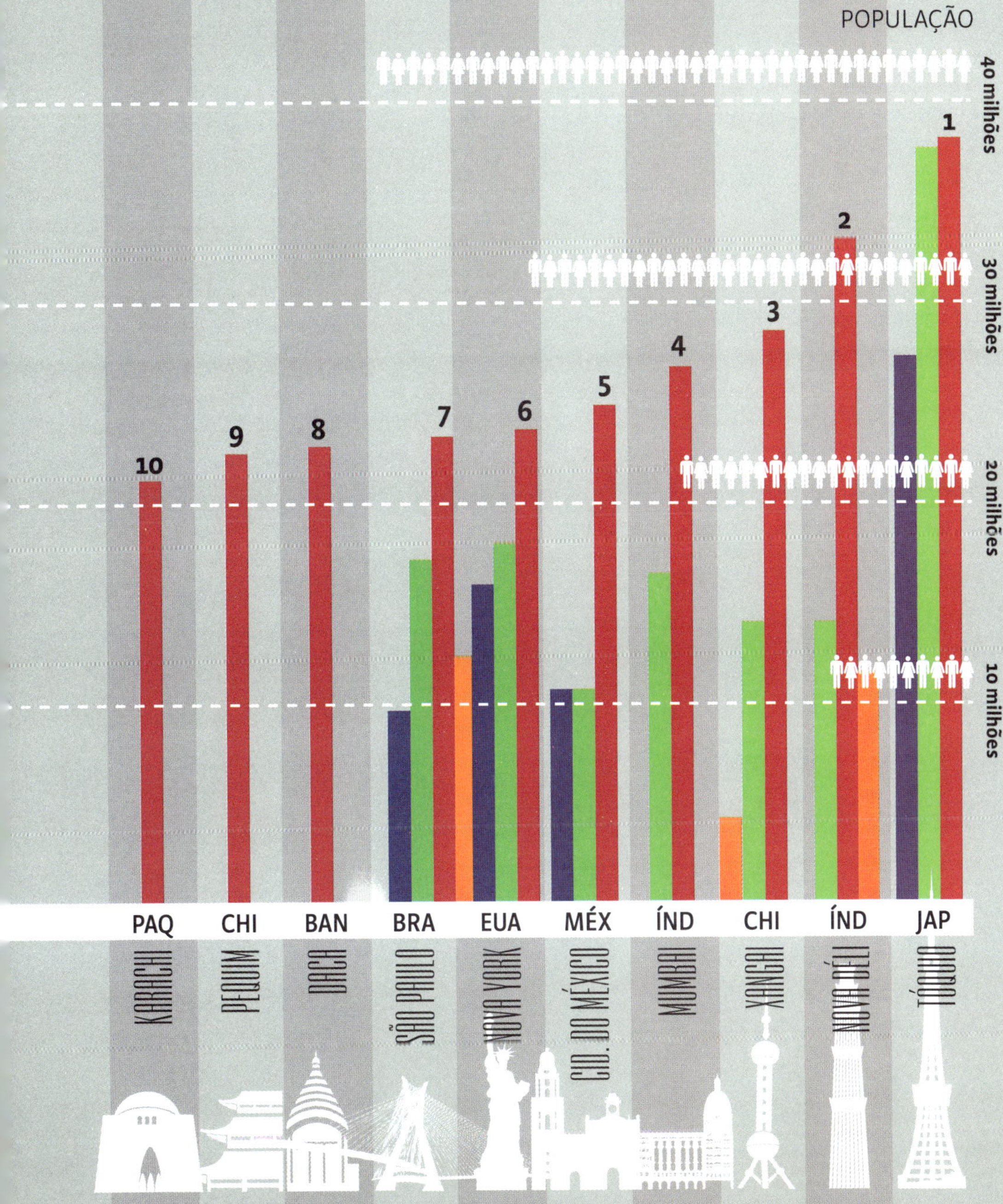

un.org/en/sustainablefuture/cities, esa.un.org

NÃO É SÓ NO **KANSAS**, TOTÓ

Como Dorothy descobriu em O mágico de Oz*, tornados ou tufões podem levar pelos ares uma casa, uma vaca e uma garotinha com seu cachorro, e fazê-los cair em qualquer lugar. Mas este gráfico mostra que o Kansas não é o único destino dos grandes tornados, nem é lá que eles são mais frequentes nos EUA – essa honra duvidosa fica para o Arkansas.*

ustornadoes.com

ÁRVORE DA **VIDA CANINA**

*Acredita-se que o cão doméstico (*Canis domesticus*) tenha surgido do lobo-cinzento (*Canis lupus*), entre 15 mil e 30 mil anos atrás. O ancestral de todas as raças caninas modernas é um descendente hoje extinto do lobo-cinzento, chamado* Canis lupus familiaris.

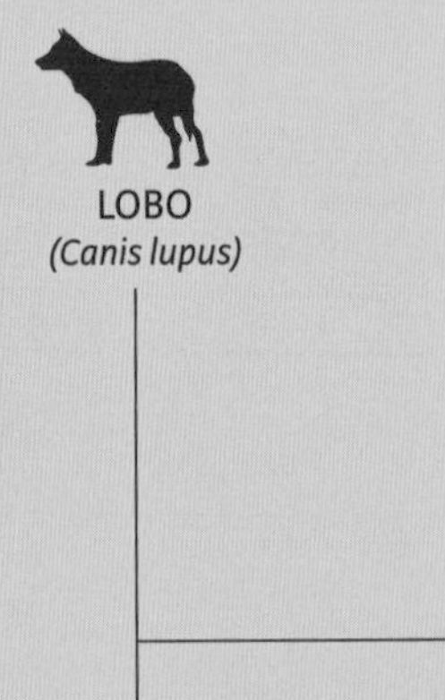

> Tomando por base apenas duas das raças de cães mais antigas, samoieda e galgo egípcio, vemos que elas produziram raças tão diversas quanto chihuahua, poodle, spaniel, beagle, dachshund e yorkshire terrier – o menor cão do mundo.

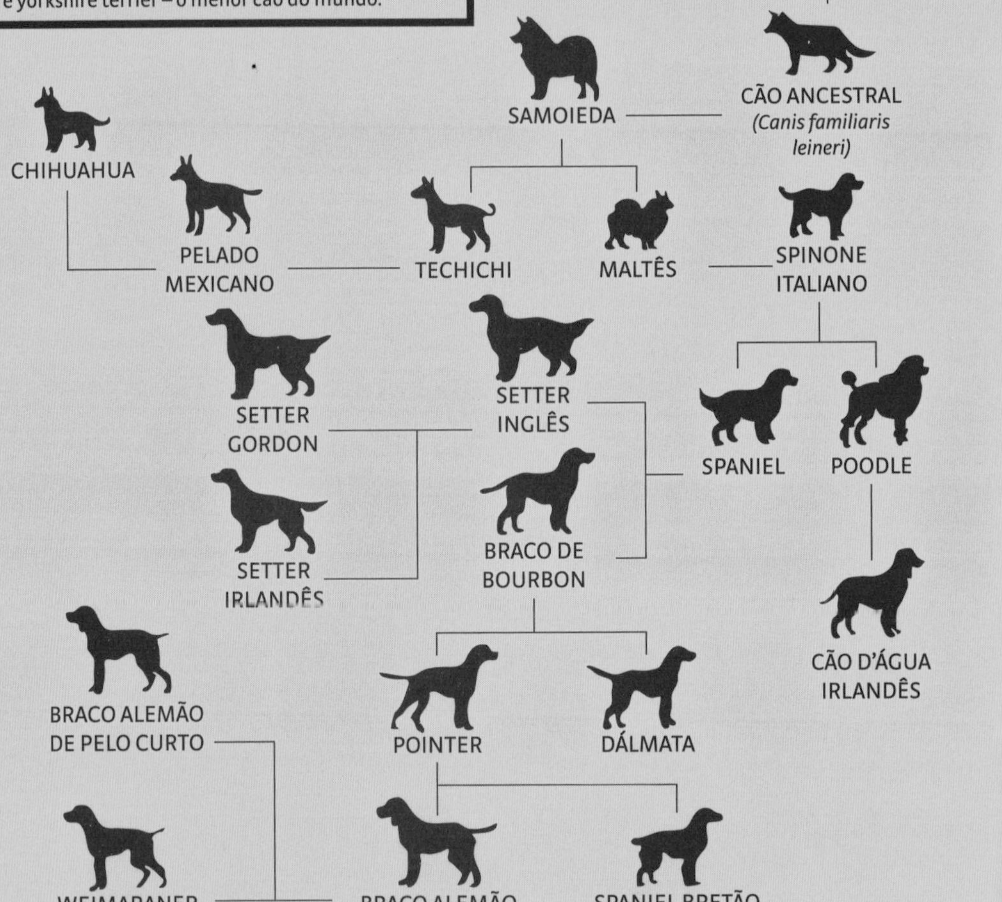

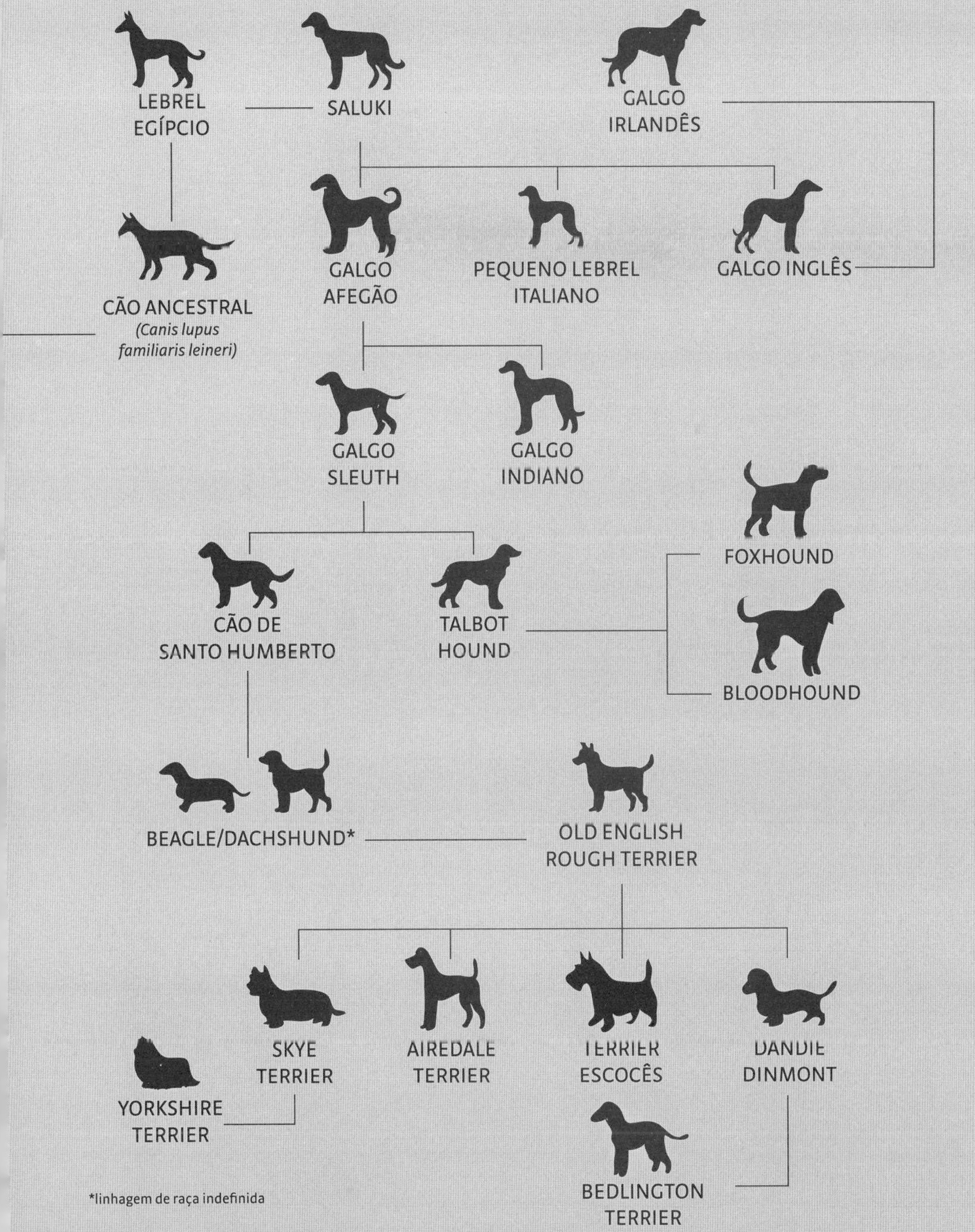

*linhagem de raça indefinida

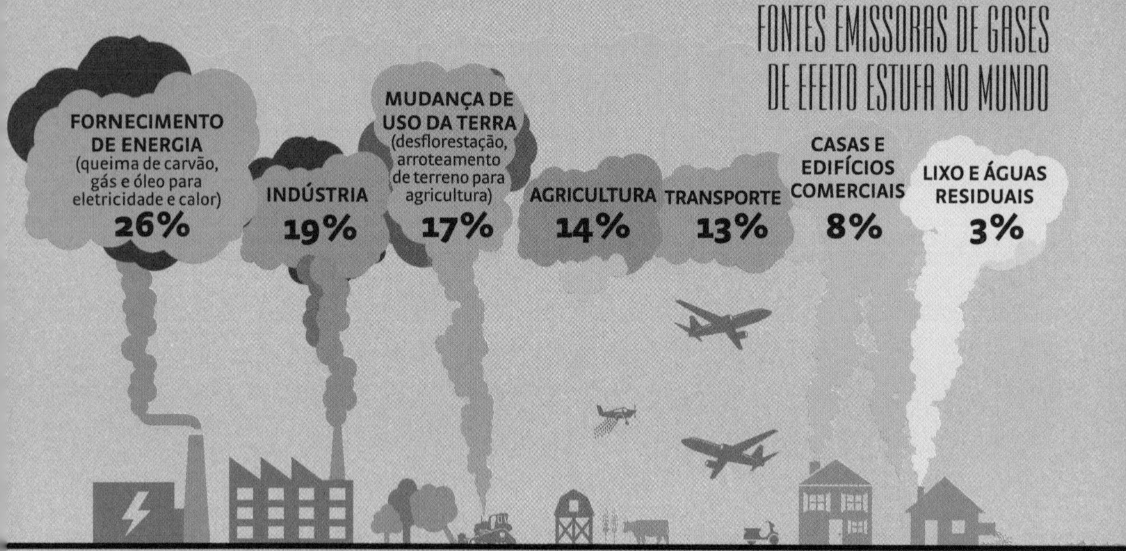

SOPRAR E BUFAR ATÉ A **ESTUFA VOAR**

Como se formam os "gases do efeito estufa" e quem os emite mais.

www.epa.gov, ;edgar.jrc.ec.europa.eu, Oxford Companion to Global Change

VACAS

Vacas emitem de **80 a 110kg** de metano anualmente.

Nos EUA, o gado emite cerca de **5,5 milhões de toneladas** de metano anualmente.

Existem no mundo 1,2 bilhão de vacas que emitem cerca de **114 milhões de toneladas** de metano por ano.

É UM AVIÃO? É UM CARRO? NÃO, **É UMA VACA**

Em geral quem recebe a culpa pela mudança climática são as viagens aéreas comerciais, a dependência excessiva do automóvel por parte do homem e o grande número de bovinos criados para o abate. Mas qual desses três fatores contribui com maior volume de gases danosos à atmosfera no decorrer de um ano?

O BOEING 737 DE PASSAGEIROS

(supondo que o avião percorra 500 mil km por ano)

Com uma velocidade cruzeiro de 780km/h e 90kg/h de emissão de CO_2, 500 mil/780 = 641 horas de voo

641 × 90 = 57.690kg de CO_2 por ano de viagens

= **57 toneladas de CO_2 por ano.**

AUTOMÓVEL TOYOTA PRIUS 2013

(supondo que o Prius rode apenas 12 mil km por ano)

Um Prius emite 49g/km de CO_2 = 0,049kg/km

= **588kg de CO_2 por ano.**

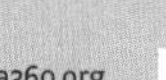

carbonindependent.org, epa.gov/rlep, data360.org

Por mais que o ser humano goste de se sentir poderoso, parece que ele não é capaz de fazer o som mais intenso da terra. Na realidade, um simples camarão-pistola faz mais barulho, apenas estalando suas quelas, do que um dos nossos aviões a jato em pleno voo. E a bolha acústica que o camarão produz gera temperaturas tão quentes quanto o sol. A seguir, uma comparação em decibéis dos barulhos produzidos pelo homem em relação aos dos eventos naturais.

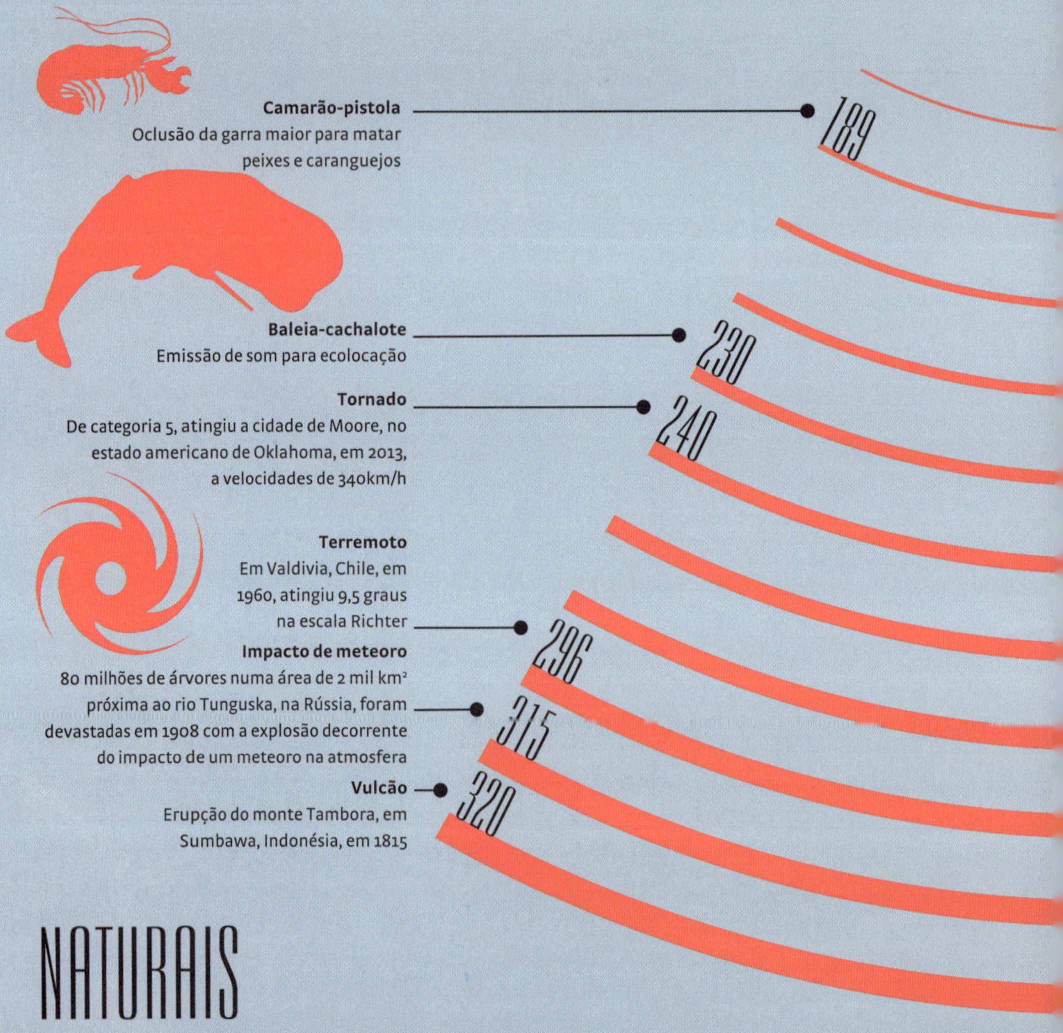

NATURAIS

CAMARÃO FAZ **MAIS BARULHO** QUE UM JATO

NÍVEL DE DECIBÉIS

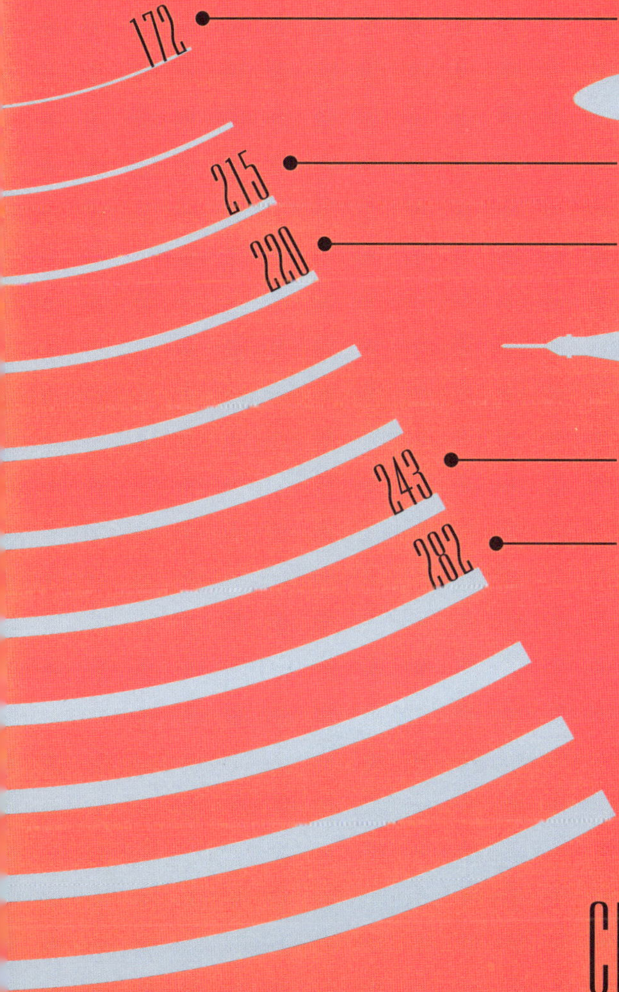

Boeing 767
Voando a uma altura de 9,7km

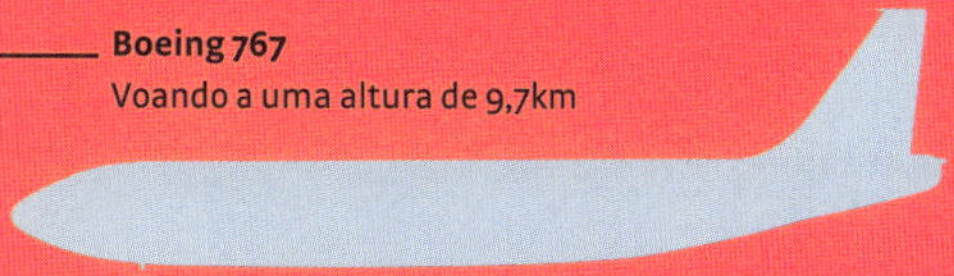

Arma de navio de guerra
Disparos de nove armas de 16 polegadas do couraçado USS *New Jersey*, em 1986

Foguete espacial
Lançamento da nave Apollo 11 pelo foguete Saturno V em 1969

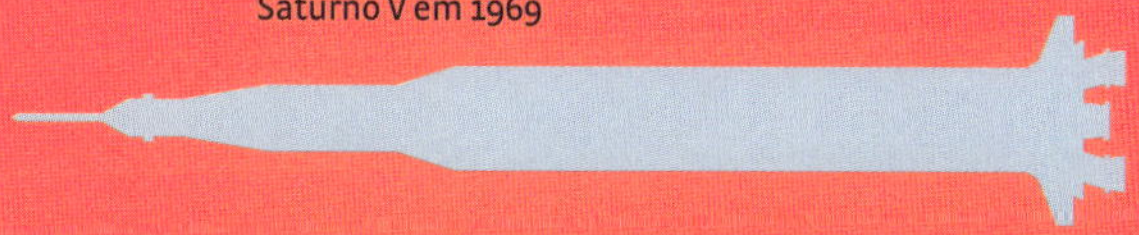

Altos explosivos
Na maior explosão não nuclear do mundo, 4 mil toneladas de explosivos foram usadas em 1947 para destruir fortificações nazistas em Heligoland

Bomba de hidrogênio
Detonação da Bomba Tsar, arma nuclear russa de 57 megatons, no arquipélago de Novaya Zemlya, Sukhoy Nos, Rússia, 1961

CRIAÇÕES HUMANAS

dosits.org, makeitlouder.com, wikipedia.org

DA TERRA PARA MARTE — 56 MILHÕES DE QUILÔMETROS!

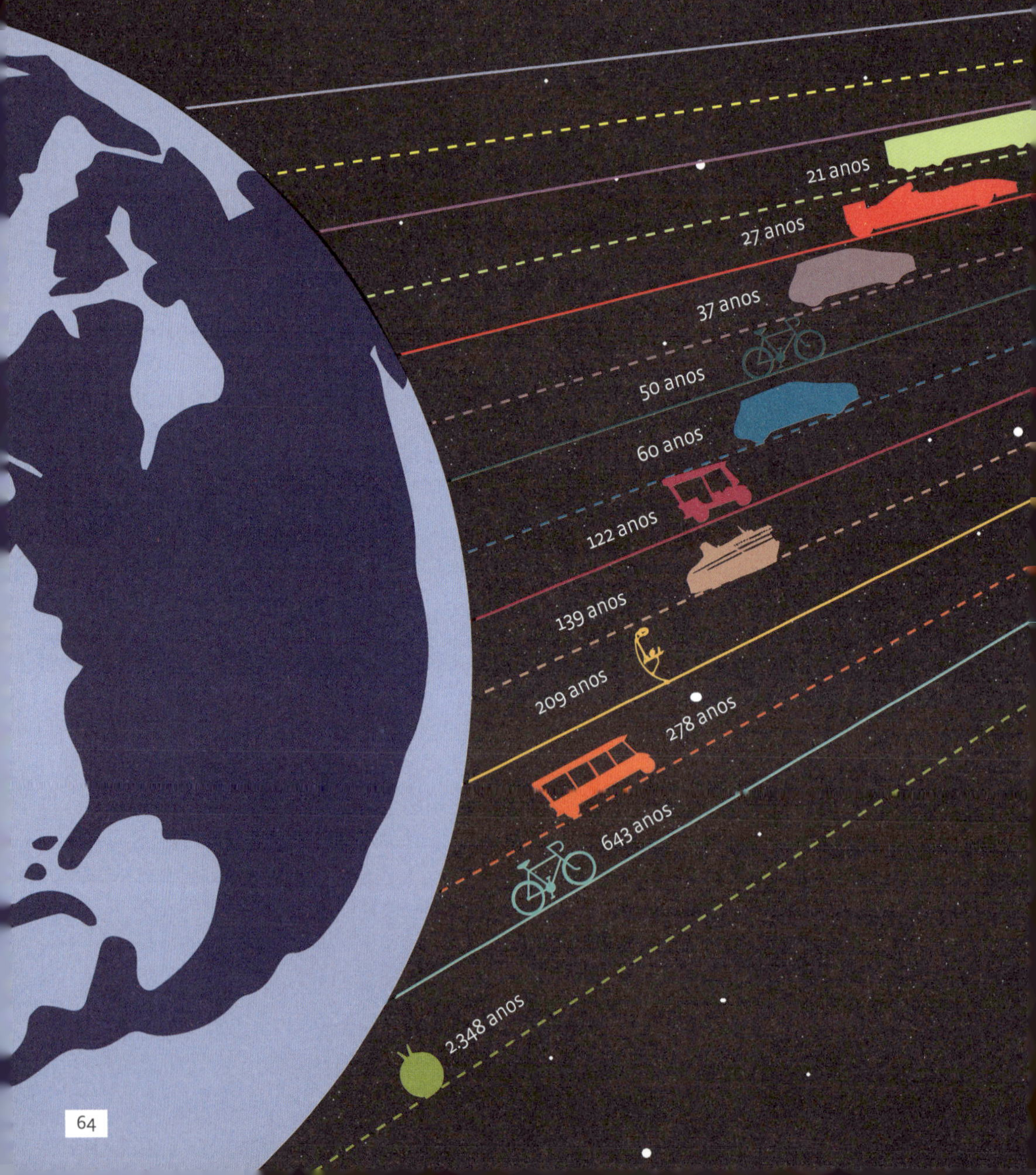

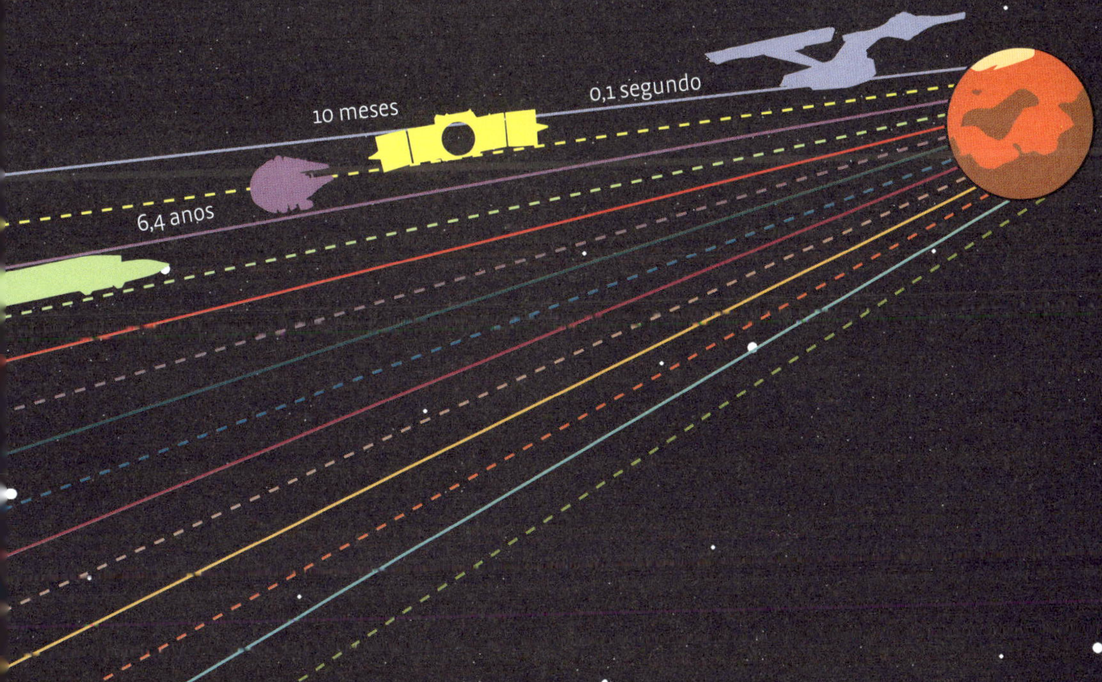

JÁ **CHEGAMOS**?

Agora que a Nasa está enviando sondas a Marte regularmente, não vai demorar muito para que qualquer um possa ir até lá. O viajante ambicioso pode ver nestas páginas uma estimativa do tempo necessário para chegar ao planeta vermelho usando diferentes meios de transporte.

- U.S.S. Enterprise
- Sonda MAVEN, da Nasa
- Millennium Falcon
- Trem-bala japonês
- Fórmula 1 (Ferrari)
- Toyota Prius (veloc. máx.)
- Bicicleta aerodinâmica
- Toyota Prius (veloc. limite nas rodovias)
- Tuk-tuk
- Navio de cruzeiro (***Queen Mary II*** em veloc. normal)
- Powerisers (pernas com molas)
- Bicicleta coletiva
- Bicicleta comum
- Bola-canguru

pace.com, muse.jpl.nasa.gov, universetoday.com, toyota.pt, japan-guide.com, cunard.com, startrek.com, bikeforums.net, rickshawchallenge.com, poweriser.tribe.net, wikipedia.org

DESPERDIÇANDO **ENERGIA**

Os diversos aparelhos elétricos de aparência inócua que você vê normalmente numa cozinha são todos capazes de consumir muita energia, alguns mais que outros. Se quiser gastar menos na conta de eletricidade, lave a roupa à mão.

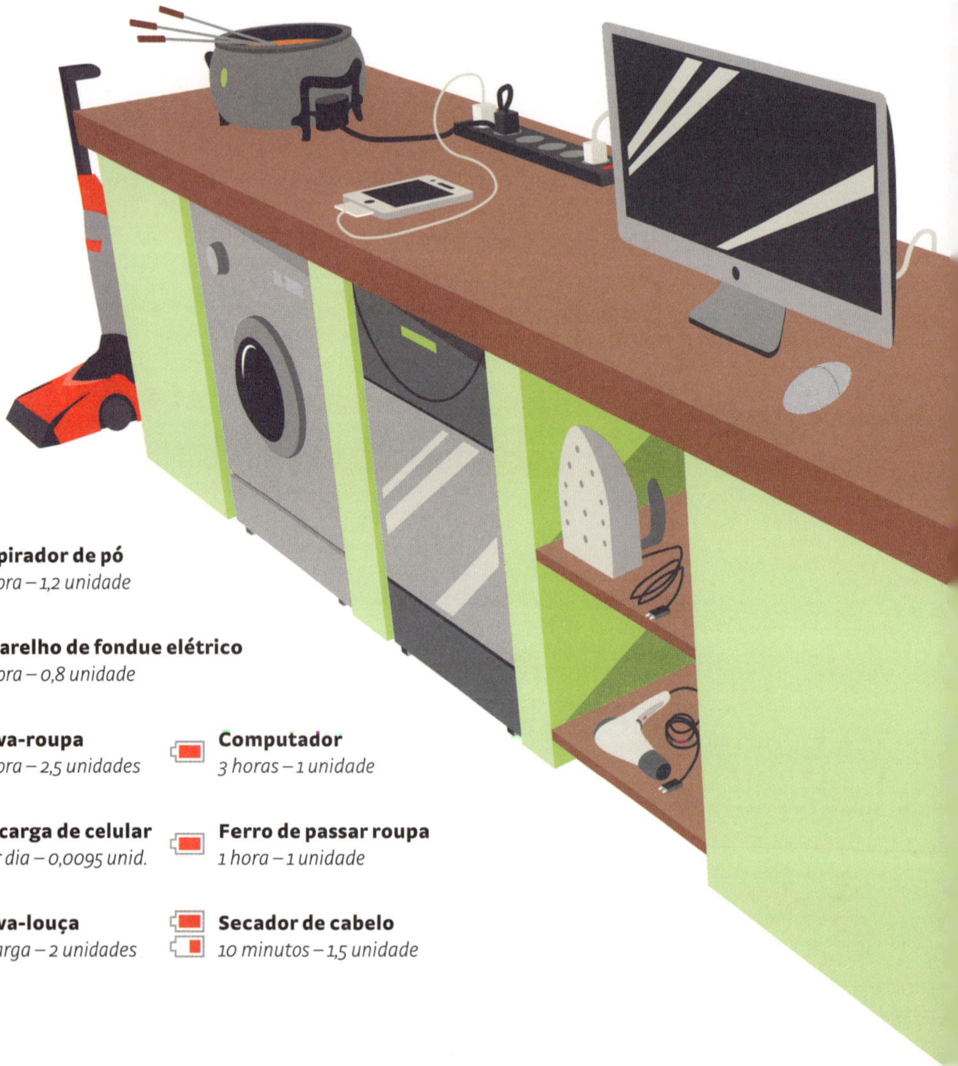

Aspirador de pó
1 hora – 1,2 unidade

Aparelho de fondue elétrico
1 hora – 0,8 unidade

Lava-roupa
1 hora – 2,5 unidades

Recarga de celular
Por dia – 0,0095 unid.

Lava-louça
1 carga – 2 unidades

Computador
3 horas – 1 unidade

Ferro de passar roupa
1 hora – 1 unidade

Secador de cabelo
10 minutos – 1,5 unidade

[1 unidade = 1 quilowatt-hora (kWh) ou 1.000 watts de energia usados por 1 hora]

Geladeira
Por dia – 2 unidades
Televisão
10 horas – 1 unidade
Forno micro-ondas
Por uso – 0,95 unidade
Lâmpada econômica (20w)
40 horas – 1 unidade
Videogame
3 horas – 1 unidade
Forno elétrico
1 hora – 12 unidades
Fritadeira elétrica
1 hora – 1,2 unidade
Chaleira elétrica
Ferver 7 litros de água – 1 unidade
Máquina de pão
Ciclo rápido – 0,33 unidade

Mais letais terremotos de **todos os tempos** e do **século XXI**

De todos os tempos · Do século XXI

	Localidade	Ano	Mortes	Magnitude na escala Richter (0-10)
1	Shaanxi, China	**1556**	830.000	
2	Haiti	**2010**	316.000	
3	Tangshan, China	**1976**	242.000	
4	Aleppo, Síria	**1138**	230.000	n/a
5	Sumatra, Indonésia	**2004**	228.000	
6	Damghan, Irã	**856**	200.000 (est.)	n/a
7	Haiyuan, China	**1920**	200.000	
8	Ardabil, Irã	**893**	150.000 (est.)	n/a
9	Kanto, Japão	**1923**	143.000 (est.)	
10	Ashgabat, Turcomenistão	**1948**	110.000	
11	Sichuan, China	**2008**	87.600	
12	Paquistão	**2005**	80.400	
13	Irã	**2003**	31.000	
14	Honshu, Japão	**2011**	21.000	
15	Índia	**2001**	20.000	
16	Java, Indonésia	**2006**	20.000	
17	Sumatra, Indonésia	**2009**	1.117	
18	Afeganistão	**2002**	1.000	

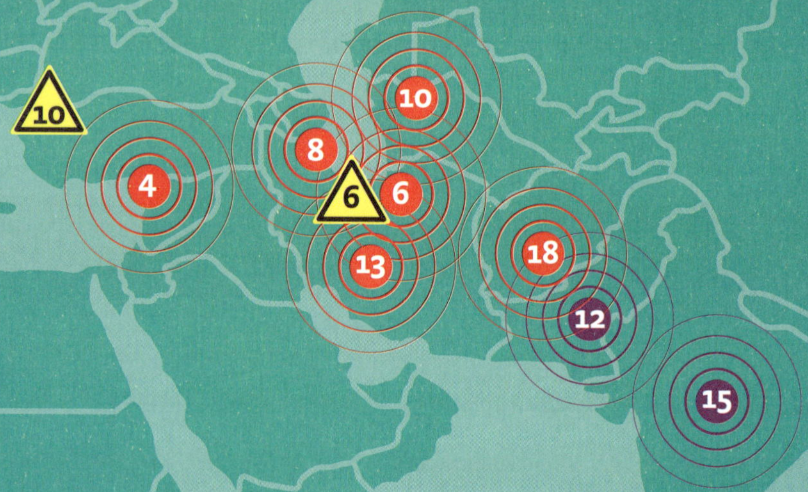

Maiores populações em risco de danos por terremoto

Cidade	País	Área	População
1 Tóquio-Yokohama	Japão	16.300km²	29,4 milhões
2 Jacarta	Indonésia	11.600km²	17,7 milhões
3 Manila	Filipinas	2.900km²	16,8 milhões
4 Los Angeles	EUA	14.400km²	14,7 milhões
5 Osaka-Kobe	Japão	13.600km²	14,6 milhões
6 Teerã	Irã	11.000km²	13,6 milhões
7 Nagoya	Japão	15.600km²	9,4 milhões
8 Lima	Peru	2.600km²	8,9 milhões
9 Taipei	Taiwan	2.100km²	8,0 milhões
10 Istambul	Turquia	4.100km²	6,4 milhões

TERREMOTO EM PLENA CAMA

As regiões sísmicas mais voláteis de nosso planeta estão em cima de falhas geológicas, onde as placas continentais da Terra se juntam. Infelizmente, é aí que ficam algumas das maiores concentrações populacionais. Veja quais são as áreas metropolitanas mais ameaçadas e também quais foram os abalos mais letais deste século e da história.

earthquake.usgs.gov, livescience.com, viewsoftheworld.com, fastcoexist.com, media.swissre.com

PANDEMIA **VERSUS** GUERRA

A Mãe Natureza sempre descobriu maneiras de reduzir a população humana, e desde a Idade Média uma série de pandemias fez grandes cortes. O próprio ser humano talvez tenha realizado um trabalho mais eficiente nesse sentido, dizimando parte da população por meio das guerras.

Praga de Justiniano
(541-750)
25-100 milhões

Peste negra (1347-1351)
25 milhões

Malária
(1600-hoje)
826 milhões

Peste bubônica
Londres (1665-1666)
75 mil-100 mil

Febre amarela
Filadélfia (1793)
5 mil

Sarampo
(1900-1980)
300-500 milhões

Tifo
Leste Europeu (1914-1915)
milhões +

Gripe espanhola
(1918-1919)
40 milhões

Aids
(1981-hoje)
25 milhões +

Sars
China (2009)
755

Gripe aviária (H1N1) (2003-2013)
380

PANDEMIA

Cruzadas
(1095-1291)
1-3 milhões

Conquistas mongóis
(1206-1324)
30-50 milhões

Colapso da dinastia Ming
(1635-1662)
25 milhões

Guerras Napoleônicas
(1803-1815)
3-6 milhões

Guerra Civil Americana
(1861-1865)
750 mil

Primeira Guerra Mundial (1914-1918)
50 milhões

Grande Salto à Frente de Mao Tsé-Tung
(1949-1976) 40 milhões

Stalinismo
(1928-1953)
20 milhões

Segunda Guerra Mundial
(1939-1945)
66 milhões

Guerra do Vietnã
(1955-1975)
2 milhões +

Guerra Civil Afegã
(1979-2001)
1,8 milhão

GUERRA

Genocídio de Ruanda
(1994)
500 mil-1 milhão

infopedia.pt, history.state.gov, historyofwar.org, who.int/influenza, worldhistoryconnected.press.illinois

ALGUNS CÉREBROS SÃO **MAIORES QUE OUTROS**

O cérebro de um humano adulto é centenas de vezes maior que o de um hamster, mas em proporção ao peso de seu corpo, é menor. Então, podemos dizer que um hamster tem um cérebro maior que o nosso.

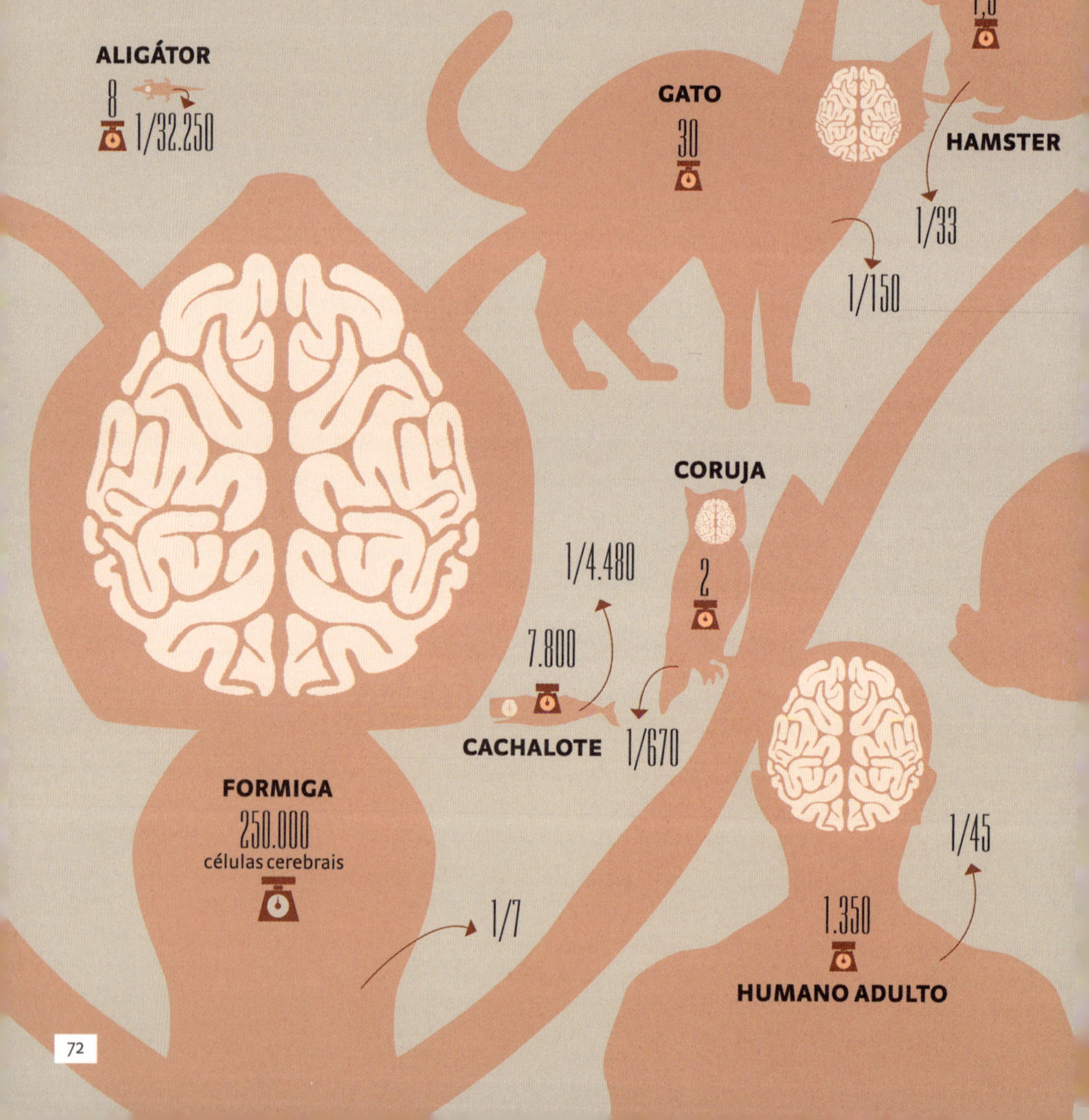

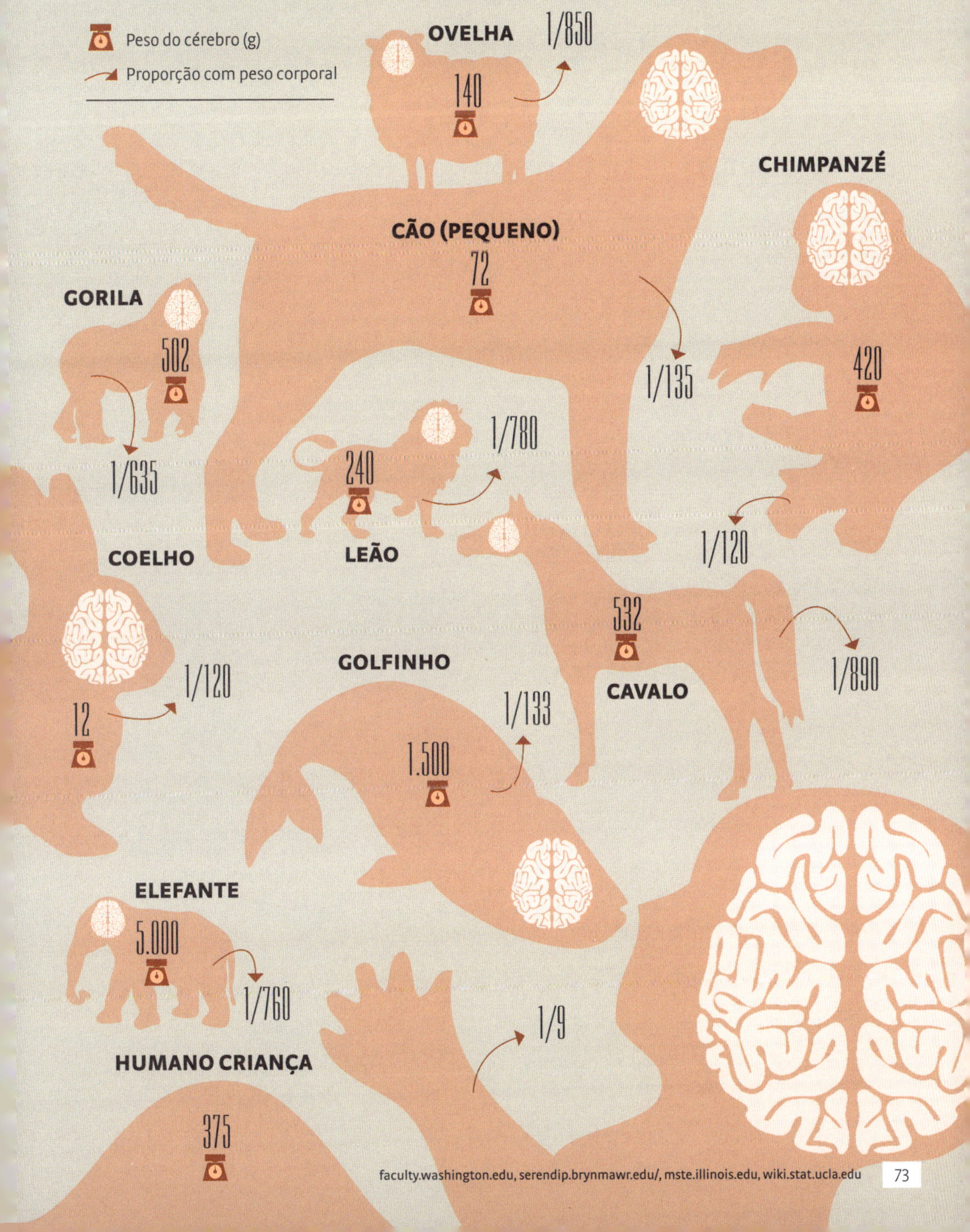

faculty.washington.edu, serendip.brynmawr.edu/, mste.illinois.edu, wiki.stat.ucla.edu

DIETA DA **PEGADA DE CARBONO**

Não admira que muitos vegetarianos sejam tão orientados pelo pensamento ecológico, pois sua dieta tem impacto bem menor no ambiente do que a dos carnívoros. Eis a pegada de carbono de cinco dietas diferentes.

- Carne bovina, carneiro
- Frango, peixe, carne de porco
- Leite e derivados
- Cereais, pães
- Vegetais
- Frutas
- Óleos, pastas
- Lanches, açúcar
- Bebidas

PEGADA DE CARBONO POR TIPO DE DIETA **CO_2e*/PESSOA**

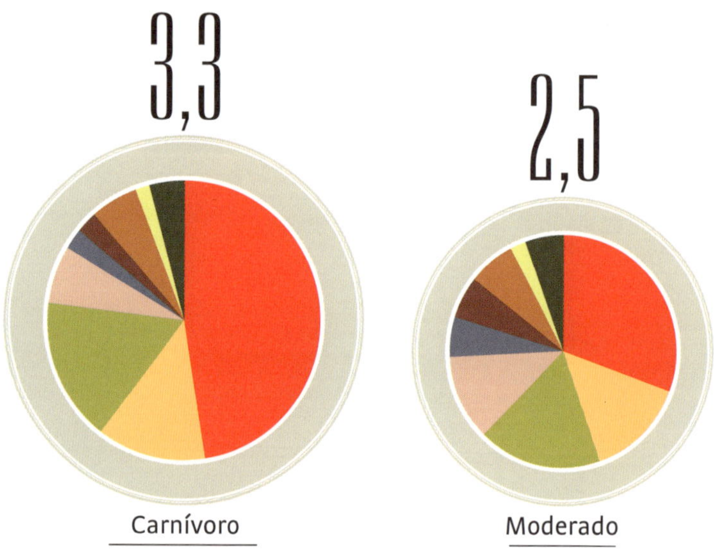

ALIMENTOS DE QUE CADA INDIVÍDUO RETIRA **ENERGIA**

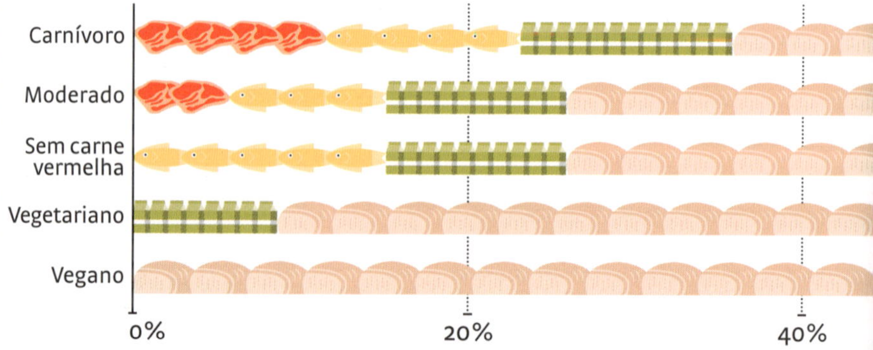

* Dióxido de carbono equivalente. É uma unidade métrica que converte o potencial de aquecimento global de gases que provocam o efeito estufa (chamados de GEE) em termos equivalentes a toneladas de CO2.

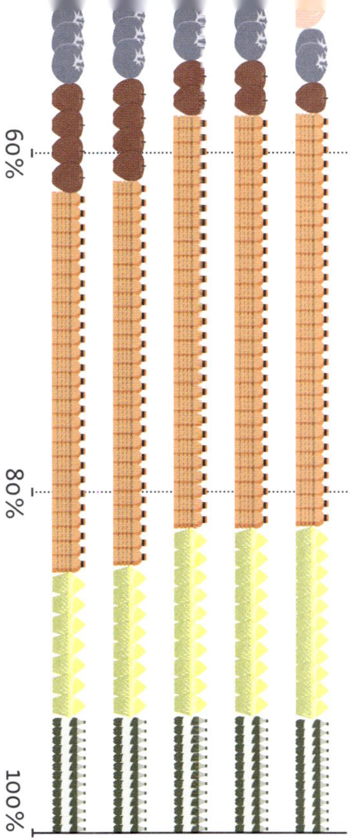

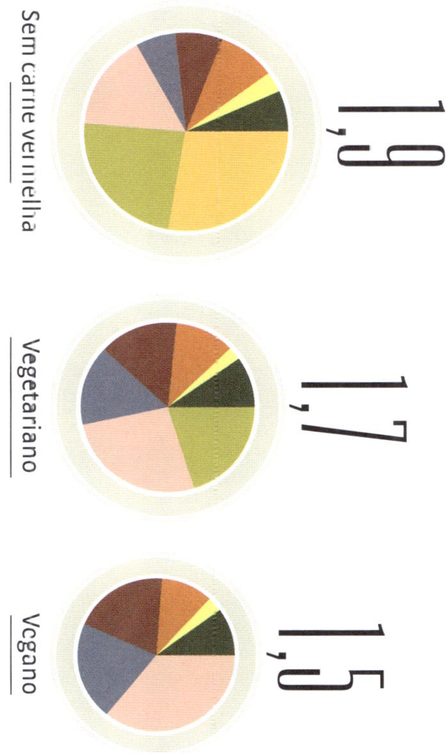

INTENSIDADE DE CARBONO DA DIETA CO_2/KCAL

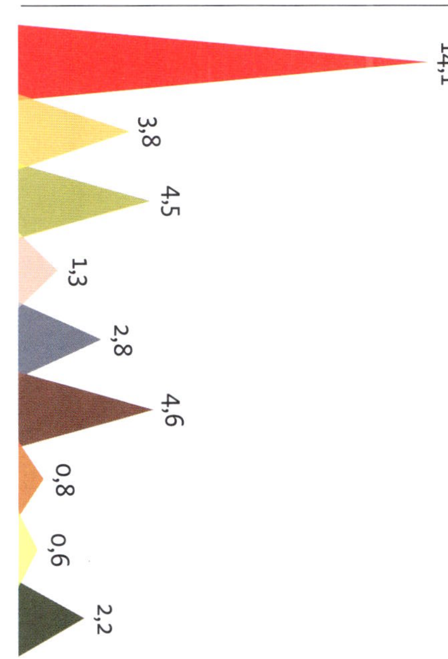

FATOS INTERESSANTES:

* 18% das emissões de carbono globais provêm da pecuária.

* Comer frango em vez de carne bovina reduz em um quarto as emissões de carbono

* Para cada dieta foi considerado o consumo de cerca de 2.600kcal de energia alimentar por dia.

FAXINA NO **MUNDO**

Num dos maiores levantamentos do tipo, em 2013 a Electrolux, fabricante de aspiradores de pó, questionou 28 mil pessoas em 23 países sobre seus hábitos em relação ao utensílio. Os resultados foram surpreendentes em vários aspectos – por exemplo, nações em que as pessoas preferem fazer a faxina nuas, com que frequência se passa o aspirador e quem o faz por mais tempo.

HOMEM VS MULHER

Quem aspira mais a casa na batalha dos sexos?

	Aspirador uma vez por dia?	Aspirador 2-5 vezes por semana?	Aspirador uma vez por mês?
♀	14%	35%	6%
♂	12%	31%	5%

Que país mantém a casa mais **LIMPA?**

Aspirador uma vez por dia

CHILE 31%

Média global 13%

Aspirador uma vez por mês

CHINA 17%

Média global 6%

Porém, os brasileiros usam o aspirador por mais tempo

Aspiração média no Brasil

1-2 HORAS

NUDEZ

NORUEGA

Surpreendente

Lá se aspira mais pelado do que em qualquer outro país

MAS

Previsível

Homens aspiram mais sem roupa do que as mulheres

O que as pessoas **VESTEM**

Roupa casual	Moletom	Traje executivo	Roupas íntimas	Nada
69%	21%	5%	4%	2%

HOBBIES DURANTE A FAXINA

O que as pessoas **FAZEM**

51% das pessoas ouvem suas **músicas** favoritas

Mas apenas **3%** admitem **dançar** enquanto aspiram

27% das pessoas não pensam em **nada**

Enquanto só **3%** usam o tempo para resolver **problemas**

REMÉDIO PRA TUDO

Com os avanços da medicina e a longevidade cada vez maior, o mercado mundial para drogas prescritas continua crescendo. Quais são os maiores mercados e os comprimidos mais populares no multibilionário mercado farmacêutico?

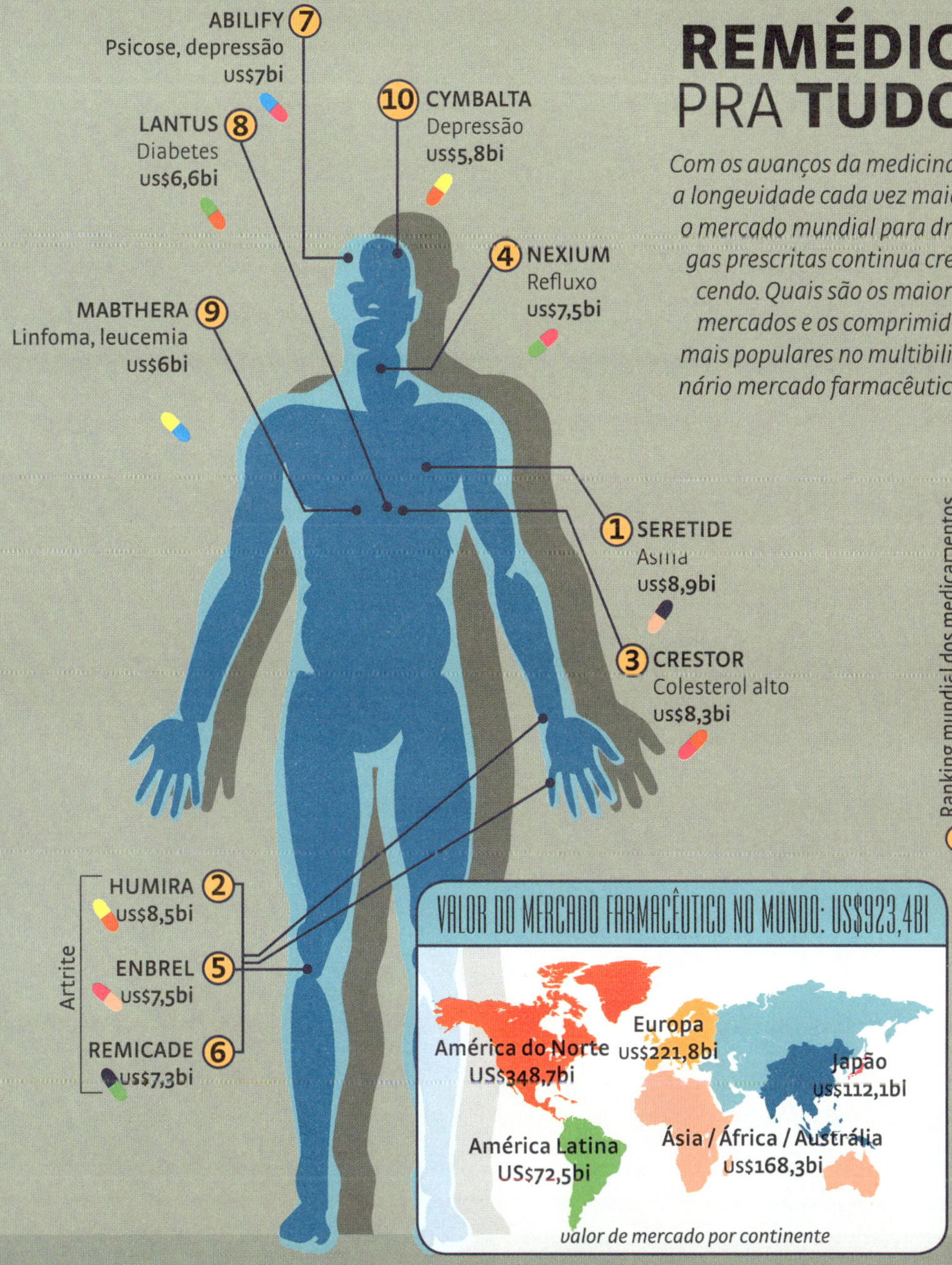

Ranking mundial dos medicamentos mais prescritos

MAIS EDUCAÇÃO **OU MAIS GUERRA?**

Observando o quanto os quinze países com maior gasto anual em forças armadas (por porcentagem do PIB) aplicam em educação temos uma boa ideia daquilo que os líderes de tais nações julgam mais importante. Quando colocamos os maiores gastadores militares no ranking mundial de investimento em educação, nenhum deles fica entre os 30 primeiros.

País por PIB total	% do PIB gasto na área militar	Ranking de PIB gasto em educação	% do PIB gasto em educação
1. *EUA*	4,4	63. *EUA*	5,5
2. *China*	2	112. *China*	4
3. *Rússia*	4,4	110. *Rússia*	4,2
4. *Reino Unido*	2,5	36. *Reino Unido*	6,2
5. *Japão*	1	115. *Japão*	3,8
6. *França*	2,3	43. *França*	5,9
7. *Arábia Saudita*	0,9	68. *Arábia Saudita*	5,1
8. *Índia*	2,5	134. *Índia*	3,2
9. *Alemanha*	1,4	74. *Alemanha*	5,1
10. *Itália*	1,7	93. *Itália*	4,5
11. *Brasil*	1,5	49. *Brasil*	5,8
12. *Coreia do Norte*	2,7	75. *Coreia do Sul*	5
13. *Austrália*	1,7	56. *Austrália*	5,6
14. *Canadá*	1,3	62. *Canadá*	5,4
15. *Turquia*	2,3	142. *Turquia*	2,9

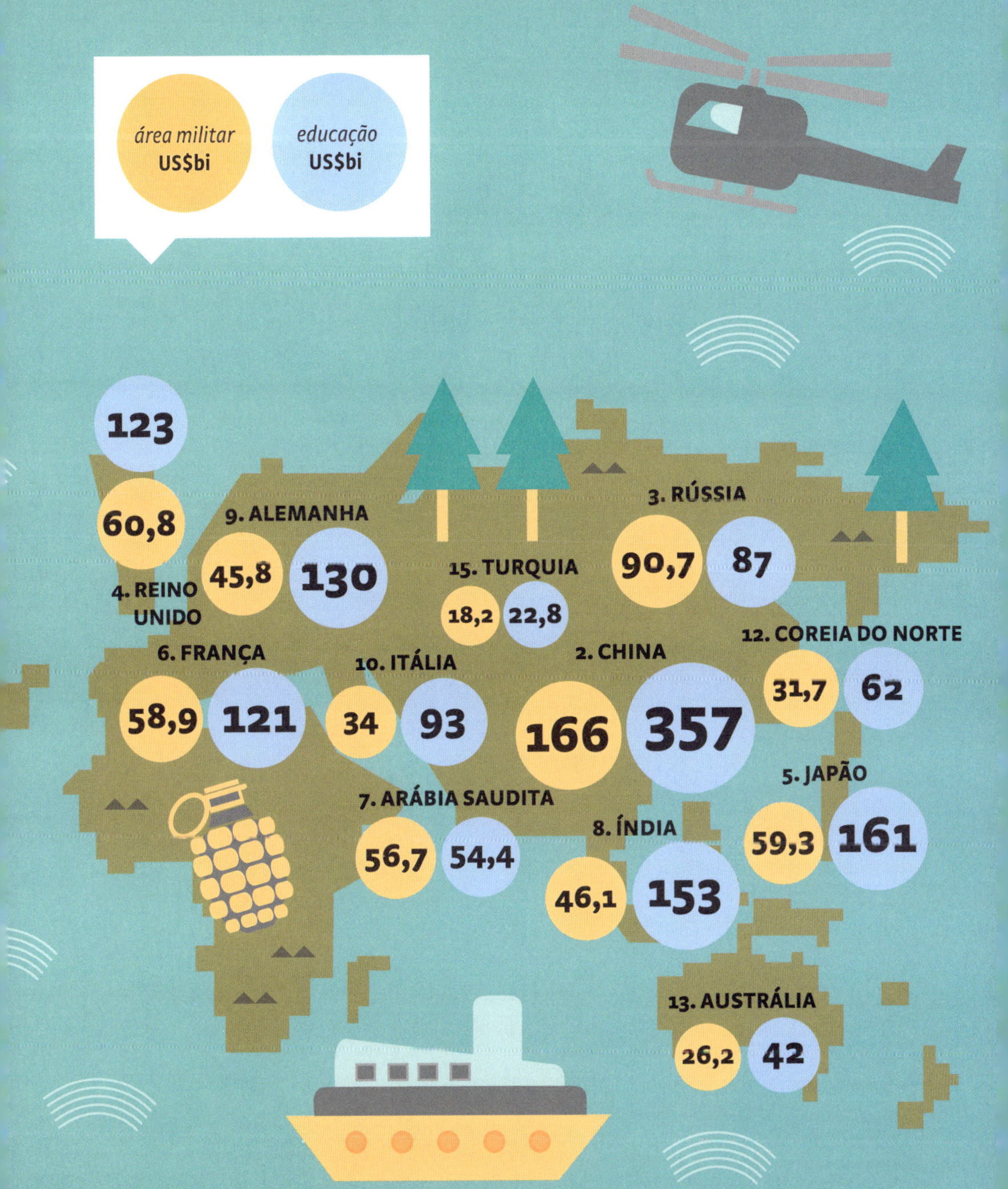
área militar
US$bi
educação
US$bi
123
60,8
4. REINO UNIDO
9. ALEMANHA
45,8
130
15. TURQUIA
18,2
22,8
3. RÚSSIA
90,7
87
6. FRANÇA
58,9
121
10. ITÁLIA
34
93
2. CHINA
166
357
12. COREIA DO NORTE
31,7
62
5. JAPÃO
59,3
161
7. ARÁBIA SAUDITA
56,7
54,4
8. ÍNDIA
46,1
153
13. AUSTRÁLIA
26,2
42

TESTE DOS GOSTOS **EXTREMOS**

PALADAR		NOME	ENCONTRADO EM
AMARGO	natural	Simaruba	árvore de simaruba, do gênero *Quassia*
AMARGO	sintético	Benzoato de denatônio	qualquer supermercado
MALCHEIROSO	natural	Butilmercaptana	secreção do gambá
MALCHEIROSO	sintético	Etanotiol	postos de combustível
DOCE	natural	Taumatina	fruta katemfe, típica da África Ocidental
DOCE	sintético	Lugduname	apenas laboratórios
ÁCIDO	natural	Ácido fumárico (algumas formas)	plantas fumariáceas
ÁCIDO	sintético	Ácido málico (algumas formas)	restaurantes de fast-food
VENENOSO	natural	Toxina botulínica tipo A	bactéria *Clostridium botulinum*
VENENOSO	sintético	Sarin	complexos militares

Químicos e cientistas tentam há séculos superar a natureza criando gostos, cheiros e venenos artificiais. Mas, como este gráfico mostra, a natureza sempre vence. Veja a comparação entre os extremos naturais de mau cheiro, gosto azedo, doce, amargo e veneno, e os produzidos em laboratório.

Natural

Artificial

DETALHES	USO
detectável em 0,08 partes por milhão	medicamentos herbáceos
perceptível em 0,05 partes por milhão	em anticongelantes, metanol, sabão, produtos de limpeza etc.
não existe nada mais forte	prevenir ataques
causa náusea, dor de cabeça e possível falência de órgãos	acrescido ao gás propano para indicar vazamentos
3 mil vezes mais doce do que o açúcar comum (sacarose)	aditivo de produtos alimentícios, inclusive chiclete
220 mil vezes mais doce do que a sacarose	não licenciado para o uso
duas vezes mais fortes que o ácido cítrico	aromatizantes alimentares
toxina natural letal, nível de toxicidade de DL50 (causa morte de 50% dos sujeitos) em 0,00000003mg/kg	armas químicas
DL50 em 0,4mg/kg	armas químicas

chemistryabout.com, chem.memphis.edu, wikipedia.org

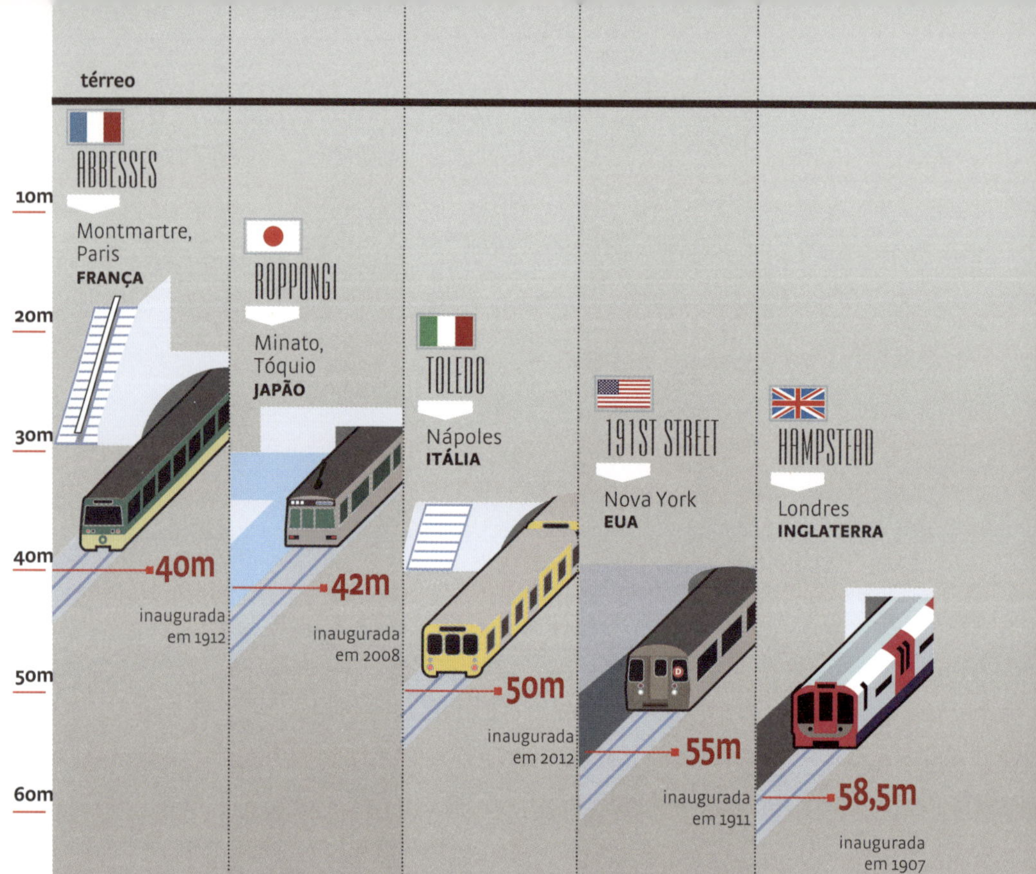

ATÉ ONDE SE PODE **DESCER**?

Viajar de metrô em qualquer das grandes cidades do mundo pode dar a sensação de que estamos descendo às profundezas do planeta. Nas cidades e estações citadas nesta seção, a sensação é ainda mais exacerbada. Veja quais são as estações de metrô mais profundas já construídas.

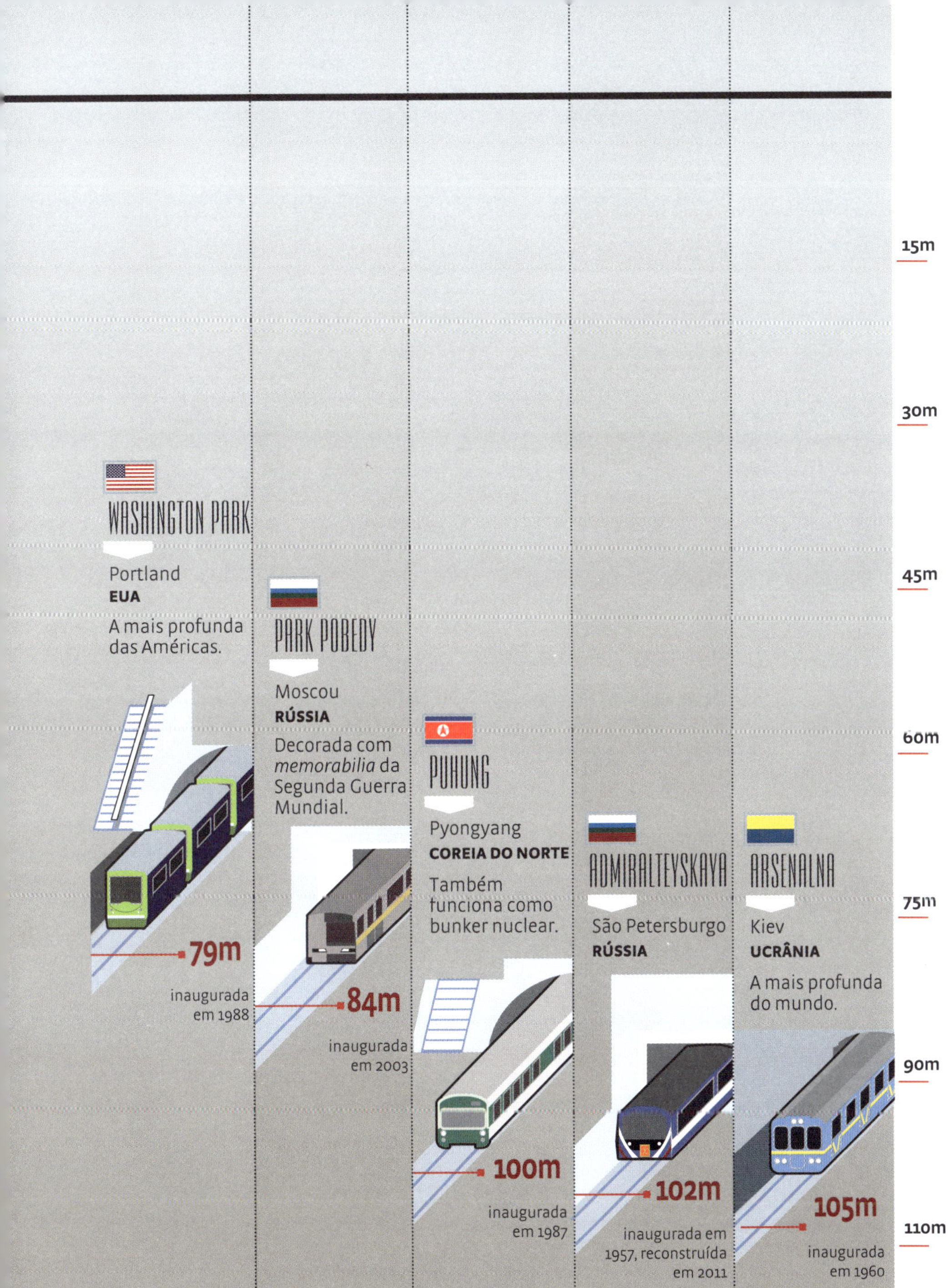

wikipedia.org, moscownews.com, weburbanist.com

SEIS GRAUS DE SEPARAÇÃO: **STEPHEN HAWKING**

O doutor Stephen Hawking é provavelmente o físico mais famoso do mundo. Autor de best-sellers que explicam princípios físicos incrivelmente complexos em termos simples, ele produziu alguns dos mais profundos e originais pensamentos sobre buracos negros, tempo, espaço e relatividade desde Albert Einstein. Não admira que esteja no máximo a seis passos de distância destes grandes homens e mulheres.

1

Winston Churchill (1874-1965, ING) trabalhou no Ministério das Colônias em 1921 e empregou

T. E. Lawrence (1888-1935, ING) como auxiliar, que antes disso trabalhara com

Faissal I do Iraque (1883-1933, IRQ) na Primeira Guerra Mundial no Oriente Médio, onde seu velho amigo

Philip Graves (1876-1953, ING) trabalhava como jornalista; seu meio-irmão

Robert Graves (1895-1985, ING), o poeta, na década de 1950 hospedou a família de

2

Diofanto (201-285 d.C.), o "pai da álgebra" da Grécia Antiga, é o autor de *Aritmética*, em cujas margens do próprio exemplar

Pierre de Fermat (1601-65, FRA) escreveu em 1637 seu *Último teorema*, que foi comparado ao trabalho posterior sobre círculos e curvas de

Jakob Steiner (1796-1863, ALE), cujo sistema tríplice foi expandido por

Thomas Kirkman (1806-95, ING) um matemático cujo "problema de estudante" inspirou um livro de

Dikran Tahta (1928-2006, ING/ARM) professor de matemática que em 1958 construiu um computador com peças de relógio e um velho quadro de telefonia em parceria com

3 **William Barton Rogers** (1804-82, EUA), fundador do MIT, foi também o presidente fundador da Associação Americana para o Avanço da Ciência (1848), cuja primeira presidenta,

Margaret Burbidge (1919-, ING), é uma premiada astrofísica que, com seu marido,

Geoffrey Burbidge (1925-2010, ING), desenvolveu a teoria do B^2FH, junto com

Fred Hoyle (1915-2001, ING), um astrofísico de Cambridge cujo trabalho rejeitava a teoria do Big Bang, e que teve o apoio de

Dennis William Sciama (1926-99, ING), o "pai da cosmologia", que foi supervisor, na Universidade de Cambridge, de

Leonard Mlodinow (1954), físico americano, roteirista de *Jornada nas estrelas: A nova geração* e coautor de *Uma breve história do tempo* (2005) com

STEPHEN HAWKING

4 **Albert Einstein** (1879-1955) e sua teoria da relatividade (1905) foram o tema do livro e da série de TV *Cosmos* (1980), escritos por

Carl Sagan (1934-96, EUA), o cosmólogo que empregou como pesquisador para seu livro e sua série de TV

Richard Feynman (1918-88, EUA), que se tornou uma influência para o trabalho de

Hans Bethe (1906-2005, ALE) para trabalhar no Projeto Manhattan, no qual ele calculou o poder explosivo da bomba junto com

J. Robert Oppenheimer 1904-67), o pai americano da bomba atômica, que contratou

Don Page (1948-), físico teórico canadense, coautor de revistas com

Kip Thorne (1940-), físico teórico americano que trabalhou na teoria dos buracos negros com

Igor Dmitriyevich Novikov (1935-), cosmólogo russo que também estudou o assunto com

5 **Max Born** (1882-1970), físico alemão, matemático e figura crucial para o desenvolvimento da física quântica, foi supervisor de doutorado de

O QUE HÁ **LÁ FORA**

Ou o que está na fila de espera por fundos suficientes para um dia chegar lá... Estes são os veículos espaciais que partiram ou pretendem partir para o espaço com gente a bordo, e as estações espaciais que devem visitar.

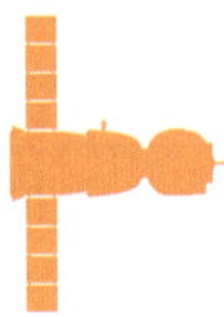

Nave espacial Soyuz, URSS, primeiro voo não tripulado em 1966, primeiro voo tripulado em 1967, Soyuz ACTS (Advanced Crew Transportation System) lançado em 2014.

ATV Automated Transfer Vehicle, financiado pela Agência Espacial Europeia, veículo espacial de suprimento, não tripulado, lançado 5 vezes entre 2008 e 2014 para atender à Estação Espacial Internacional.

Dragon, EUA, primeira espaçonave comercial, lançada em 2010, não tripulada, usada para levar carga até o centro espacial internacional. Há planos de uma versão tripulada.

Shenzhou, primeira espaçonave chinesa, primeiro voo não tripulado em 1999, primeiro voo tripulado em 2002, usada para ir até a estação espacial chinesa Tiangong-1.

SpaceShipOne, EUA, aeronave suborbital lançada no espaço, de financiamento privado, concluiu seu primeiro voo em 2003, foi aposentada em 2004 e colocada em exposição pública.

Nave espacial da série Apollo, desenvolvida em 1960 para levar americanos ao espaço, primeiro voo não tripulado em 1961, primeiro voo tripulado em 1968, pouso na Lua em 1969, último voo em 1975.

Mercury, primeira a levar americanos ao espaço (1958), primeiro voo suborbital não tripulado em 1959, primeiro voo suborbital tripulado em 1961, último voo em 1963, substituída pela Apollo.

Vostok, URSS, nave espacial projetada como nave de câmera espiã e para levar homens ao espaço; primeiro voo não tripulado suborbital em 1960, primeiro voo tripulado suborbital em 1961 (Yuri Gagarin). Aposentada em 1963

Space Shuttle, EUA, financiada e desenvolvida pela Nasa, nave espacial orbital de baixa altitude, desenvolvimento iniciado em 1969, primeiro voo-teste em 1981, usado em 135 missões até 2011.

Genesis I Habitat espacial não tripulado com financiamento privado americano, lançado em 2006 como pesquisa para criação de uma futura estação espacial modular, expectativa de vida de 12 anos.

Genesis II Segunda parte do plano americano de financiamento privado para lançar estação espacial independente, não tripulada, lançada em 2007 para colher dados da Genesis I, expectativa de vida de 12 anos.

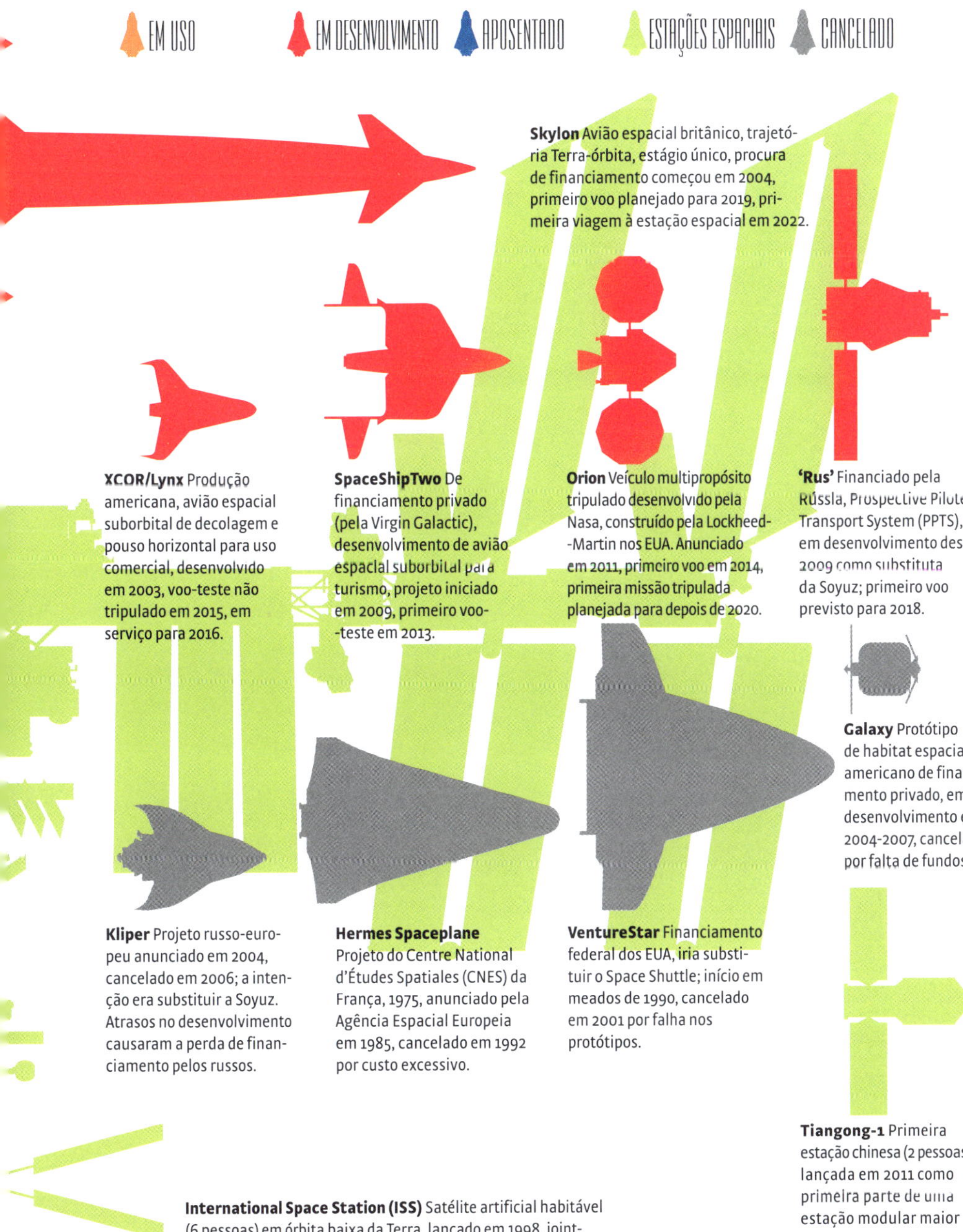

Skylon Avião espacial britânico, trajetória Terra-órbita, estágio único, procura de financiamento começou em 2004, primeiro voo planejado para 2019, primeira viagem à estação espacial em 2022.

XCOR/Lynx Produção americana, avião espacial suborbital de decolagem e pouso horizontal para uso comercial, desenvolvido em 2003, voo-teste não tripulado em 2015, em serviço para 2016.

SpaceShipTwo De financiamento privado (pela Virgin Galactic), desenvolvimento de avião espacial suborbital para turismo, projeto iniciado em 2009, primeiro voo-teste em 2013.

Orion Veículo multipropósito tripulado desenvolvido pela Nasa, construído pela Lockheed-Martin nos EUA. Anunciado em 2011, primeiro voo em 2014, primeira missão tripulada planejada para depois de 2020.

'Rus' Financiado pela Rússia, Prospective Piloted Transport System (PPTS), em desenvolvimento desde 2009 como substituta da Soyuz; primeiro voo previsto para 2018.

Galaxy Protótipo de habitat espacial americano de financiamento privado, em desenvolvimento em 2004-2007, cancelado por falta de fundos.

Kliper Projeto russo-europeu anunciado em 2004, cancelado em 2006; a intenção era substituir a Soyuz. Atrasos no desenvolvimento causaram a perda de financiamento pelos russos.

Hermes Spaceplane Projeto do Centre National d'Études Spatiales (CNES) da França, 1975, anunciado pela Agência Espacial Europeia em 1985, cancelado em 1992 por custo excessivo.

VentureStar Financiamento federal dos EUA, iria substituir o Space Shuttle; início em meados de 1990, cancelado em 2001 por falha nos protótipos.

Tiangong-1 Primeira estação chinesa (2 pessoas), lançada em 2011 como primeira parte de uma estação modular maior a ser lançada em 2023.

International Space Station (ISS) Satélite artificial habitável (6 pessoas) em órbita baixa da Terra, lançado em 1998, joint-venture russo-americana-europeia, financiado até 2024.

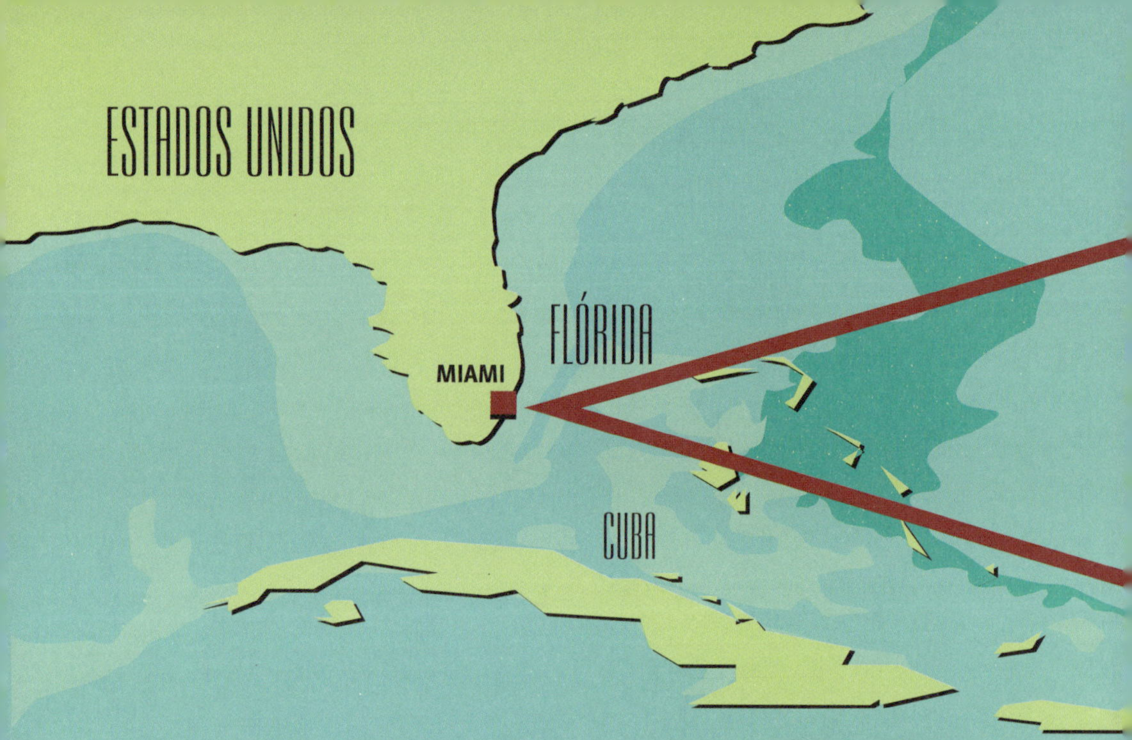

DATA	EMBARCAÇÃO/AERONAVE	PESSOAS DESAPARECIDAS	DETALHES
Mar. 1918	**USS Cyclops**	309	*Sumiu em rota entre as Bermudas e Maryland.*
Dez. 1925	**SS Cotopaxi** navio a vapor	32	*Saiu de Charleston rumo a Havana, Cuba, efetuou chamada de socorro em 1º de dezembro e depois sumiu.*
Nov. 1941	**USS Proteus** navio carvoeiro	58	*Partiu de St. Thomas, nas Ilhas Virgens, em direção aos EUA, carregado de bauxita. Desapareceu.*
Dez. 1941	**USS Nereus** navio carvoeiro	61	*Como o USS Proteus, saiu de St. Thomas, nas Ilhas Virgens, rumo aos EUA, carregando bauxita. Desapareceu.*
Dez. 1945	**Flight 19** 5 aeronaves TBM Avenger	14	*Alçou voo de treino em Fort Lauderdale, Texas. Sumiu ao adentrar o Triângulo das Bermudas.*
Jan. 1948	**Star Tiger** avião de passageiros Avro Tudor IV	31	*Decolou do Aeroporto de Santa Maria, nos Açores, para Kindley Field, nas Bermudas. Nunca chegou.*

PERDIDO NO **TRIÂNGULO DAS BERMUDAS**

Em 1964, Vincent Gaddis, escrevendo para a revista Argosy, identificou uma área no meio do oceano Atlântico como Triângulo das Bermudas. Segundo ele, das Bermudas a San Juan, em Porto Rico, e a Miami, na Flórida, o "triângulo" fazia com que acontecessem coisas estranhas com navios e aviões. Em geral, sumiam. Embora contestado e ridicularizado como mito urbano, o Triângulo contabiliza uma longa lista de navios e aviões perdidos, além de um número de mais de 800 pessoas desaparecidas.

EMBARCAÇÕES QUE TERIAM CRUZADO O TRIÂNGULO

Data	Embarcação	Tipo	Número	Descrição
Dez. 1948	**Douglas DC-3**	avião de passageiros NC16002	**39**	*Perdido em viagem entre San Juan, em Porto Rico, e Miami, na Flórida.*
Fev. 1963	**SS Marine Sulphur Queen**	navio-tanque	**39**	*Saiu de Beaumont, no Texas, e desapareceu quatro dias depois, próximo à Flórida.*
Dez. 1967	**Witchcraft**	cruzador	**2**	*A cerca de 1km da costa da Flórida, o capitão pediu assistência pelo rádio, mas a embarcação nunca foi encontrada.*
Mar. 1938	**Anglo Australian**	cargueiro	**38**	*Deixou Cardiff, no País de Gales, em direção à Colúmbia Britânica. O último contato por rádio foi nos Açores.*
Dez. 1946	**City Belle**	escuna	**10**	*Encontrado abandonado, próximo às Bahamas.*
Out. 1976	**Sylvia L. Ossa**	cargueiro de minérios	**37**	*Desapareceu 225km a oeste das Bermudas.*
Out. 1996	**Intrepid**	iate	**16**	*Sumiu em rota entre as Bermudas e Maryland.*

bermuda-triangle.org, wikipedia.org

LÍNGUAS MAIS AMEAÇADAS
(1 falante vivo)

1 Apiacá *(Mato Grosso, Brasil)*
2 Diahói *(Sul do Amazonas, Brasil)*
3 Caixana *(Noroeste do Amazonas, Brasil)*
4 Chaná *(Paraná, Argentina)*
5 Yahgan *(Ilha Navarino, Chile)*
6 Taushiro *(Norte do Peru)*
7 Tinigua *(rio Guayabero, Colômbia)*
8 Pémono *(Alta Majagua, Venezuela)*
9 Patwin *(Norte da Califórnia, EUA)*
10 Wintu-Nomlaki *(Norte da Califórnia, EUA)*
11 Tolowa *(fronteira Califórnia/Oregon, EUA)*
12 Bishuo *(Camarões)*
13 Bikya *(Camarões)*
14 Dampelas *(Célebes, Indonésia)*
15 Pazeh *(Taiwan)*
16 Volow *(Ilha Motalava, Vanuatu)*
17 Yarawi *(Papua-Nova Guiné)*
18 Laua *(Papua-Nova Guiné)*

LÍNGUAS EUROPEIAS EM RISCO
(Número estimado de falantes)

19	Vilamoviano	70
20	Karaim	60
21	Vótico	20
22	Ingriano	200
23	Ter Sami	10
24	Frísio de Saterland	1000
25	Tsakoniano	300
26	Gardiol	340
27	Faetar	600
28	Töitschu	200
29	Cimbriano	400
30	Mòcheno	1000
31	Arbanasi	500
32	Istrorromeno	300
33	Pite saami	20
34	Gagauz	400
35	Hértevin	1000
36	Bats	500

LÍNGUAS EM RISCO NO REINO UNIDO E NA IRLANDA
(Número estimado de falantes)

37	Gaélico irlandês	77.185	*(na República da Irlanda – falantes regulares, fora do sistema educacional)*
38	Gaélico escocês	58.000	
39	Guernésiais	1.300	
40	Jersês	2.000	
41	Córnico	>500	*Extinta no século XIX – desde então reabilitada, hoje é falada por mais de 500 pessoas*
42	Manês	100-200	*Extinta na década de 1970 – desde então reabilitada, hoje tem 100-200 falantes*
43	Auregnais	–	*Extinta – os últimos falantes nativos morreram por volta de 1960*

LÍNGUAS **PERDIDAS**

Quando culturas remotas são descobertas e integradas ao restante do mundo, suas línguas são dominadas pelas dos colonizadores e conquistadores. Os falantes nativos morrem e seus descendentes crescem falando os idiomas dominantes, e com isso as línguas dos povos indígenas também morrem. Estas são as línguas com maior risco de extinção no mundo, segundo a Unesco.

bbc.co.uk, thisiscornwall.co.uk, scotslanguage.com, unesco.org

QUEM É SEU **OLIGARCA**?

Emergindo das cinzas do império soviético no início da década de 1990, os oligarcas russos acumularam imensa riqueza pessoal ao montarem negócios no bloco do leste. O controle de recursos minerais e combustíveis essenciais permitiu-lhes a expansão para o Ocidente, onde assumiram seu lugar entre a elite capitalista. Estes são os vinte principais oligarcas, sua riqueza e seus interesses fora dos negócios.

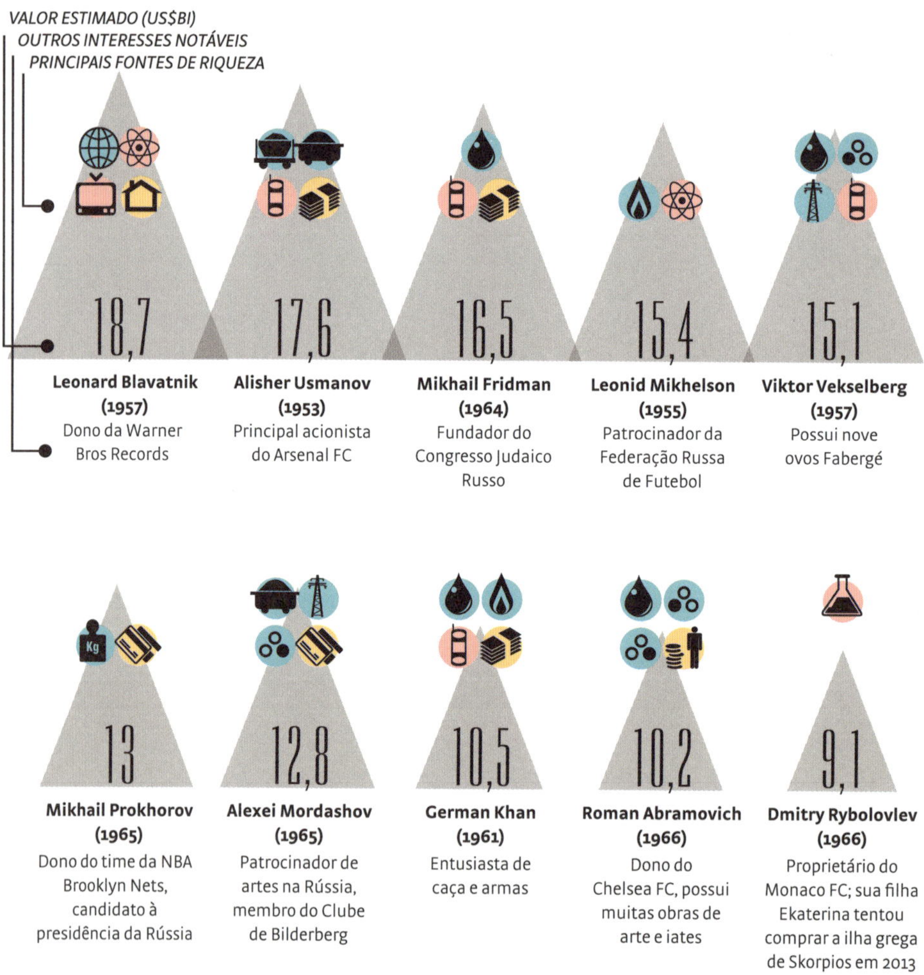

PRINCIPAL FONTE DE RIQUEZA

Vagit Alekperov (1950)
Tem três emissoras de TV russas, um jornal e uma revista

Andrey Melnichenko (1972)
Dono do superiate 'A', no valor de US$300 milhões

Vladimir Potanin (1961)
Faz parte do conselho de curadores da Fundação Guggenheim (NY)

Vladimir Lisin (1956)
Presidente da Federação Russa de Tiro Esportivo

Gennady Timchenko (1952)
Sócio-proprietário do Jokerit, um time finlandês de hóquei no gelo; patrocinador do torneio de xadrez Alekhine Memorial

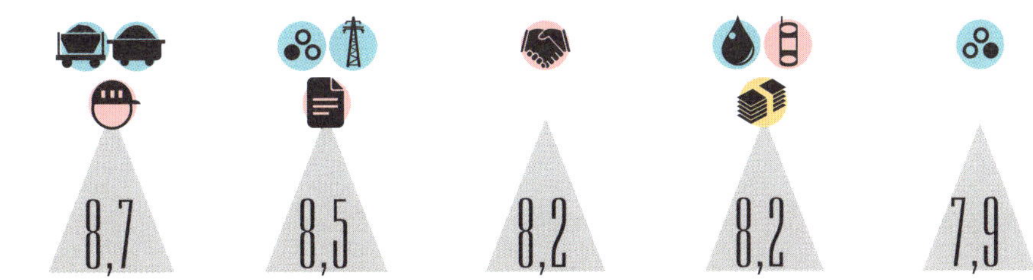

Iskander Makhmudov (1963)
Dono da arena de esportes no gelo de Sochi e de revistas de negócios russas

Oleg Deripaska (1968)
Membro do conselho do Teatro Bolshoi, criou a fundação Volnoe Delo

Sergei Galitsky (1967)
Dono do FC Krasnodar

Alexey Kuzmichev (1962)
Fundador do Projeto Babilônia, para preservar artefatos antigos do Iraque

Andrei Skoch (1966)
Filantropo

Da menor criatura viva ao maior organismo há uma imensa distância. A primeira não pode ser vista sem um microscópio, ao passo que um humano levará meia hora para correr a extensão do segundo. Aqui estão as doze maiores e menores criaturas do mundo para uma comparação.

RETROVÍRUS

PORTE: 80nm
Alguns cientistas não consideram que os vírus sejam organismos vivos, pois não têm estrutura celular

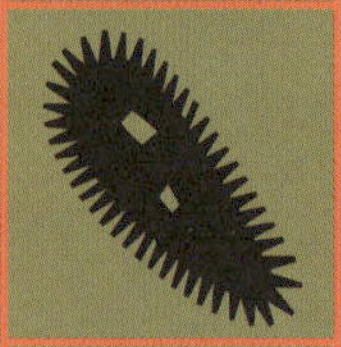

ARCHAEA UNICELULARES

PORTE: 200nm
Um quinto do tamanho de uma bactéria típica

MYCOPLASMA GENITALIUM

PORTE: 200-300nm
A menor bactéria existente

DICYEMIDA

(ou Rhombozoa)

PORTE: 500µm
É um parasita, e a forma de vida multicelular com menor número de células: de 20 a 30

VERME NEMATOIDE

PORTE: 80µm de comprimento, 5µm de largura
O animal com menor número de células: menos de 1.000

STYGOTANTULUS STOCKI

PORTE: 100µm
O menor artrópode, um crustáceo

ANFÍBIO

(Paedophryne amauensis)

PORTE: 8mm
O menor vertebrado, de Papua-Nova Guiné

CRIATURAS **GRANDES** E PEQUENAS

ELEFANTE-AFRICANO-DA-SAVANA

(Loxodonta africana)

PORTE: 5,5 toneladas
O maior animal terrestre

GIRAFFATITAN

PORTE: 37 toneladas
Dinossauro saurópode, maior animal terrestre que já existiu

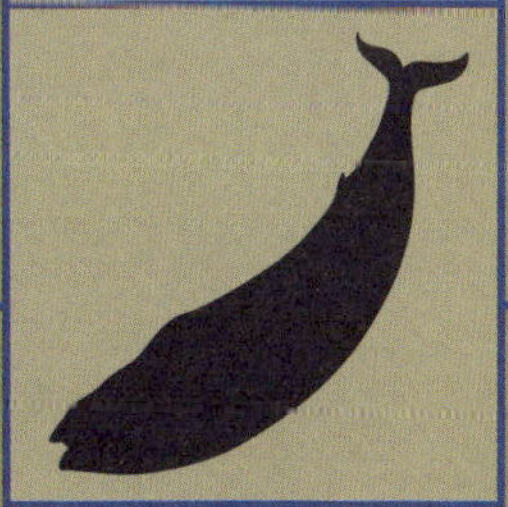

PORTE: 190 toneladas
O maior animal que já existiu e que ainda vive

BALEIA-AZUL

(Balaenoptera musculus)

SEQUOIA-GIGANTE

(Sequoiadendron giganteum)

PORTE: 87m
A maior árvore ainda em crescimento, chamada Diamond, em Atwell Mill Grove, Silver City, Califórnia, EUA

PORTE: $9km^2$; mais de 600 toneladas
O maior organismo vivo, com mais de 2.400 anos de idade, nas Blue Mountains do leste do Oregon, EUA

COGUMELO-DO-MEL

(Armillaria ostoyae)

sfgate.com, wikipedia.org

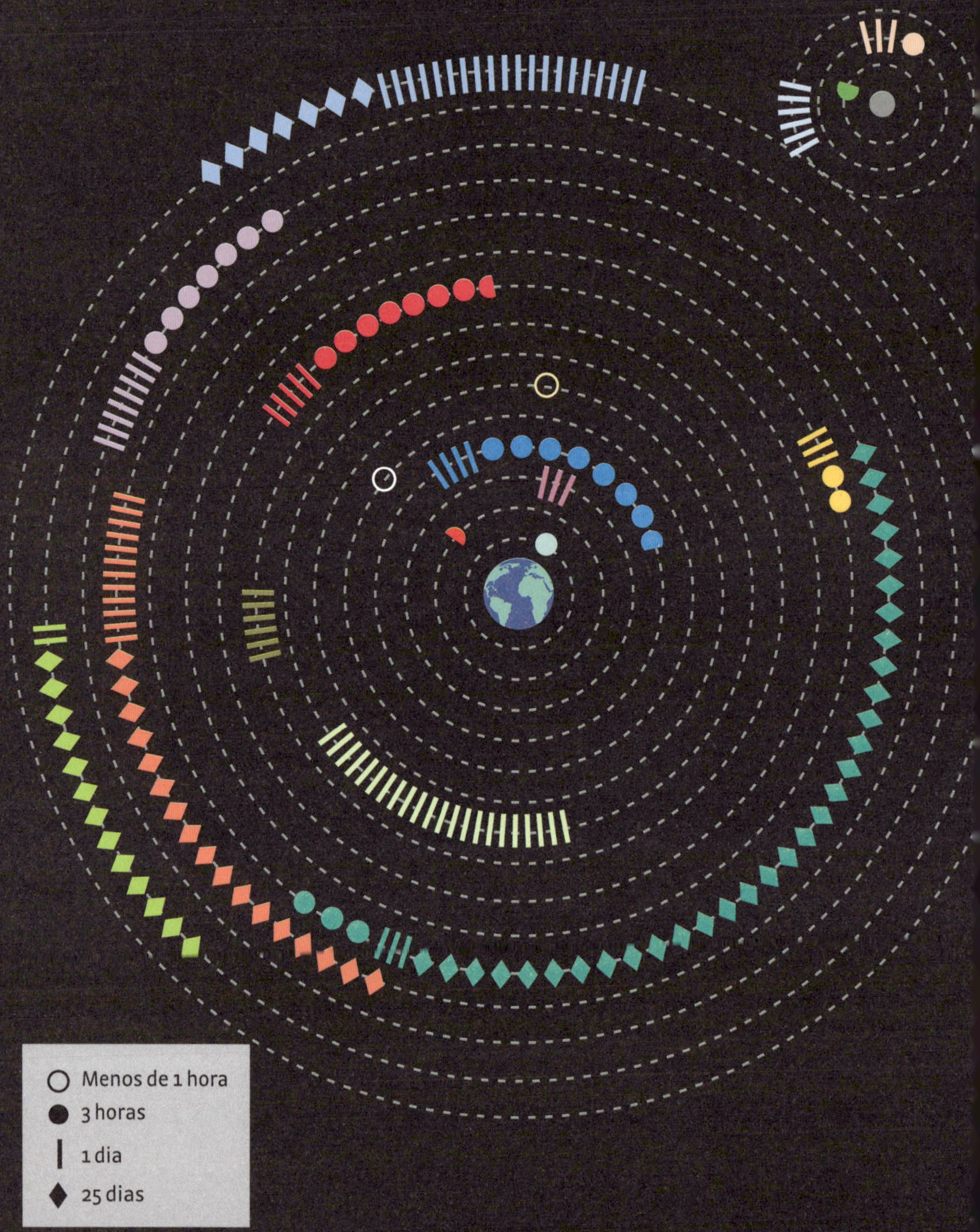
Menos de 1 hora
3 horas
1 dia
25 dias

SEMPRE EM FRENTE

Até 6 de novembro de 2013, 536 pessoas haviam feito uma viagem ao espaço, três delas apenas voos suborbitais e as outras entrando na órbita da Terra. Desse total, 24 tinham ido além da órbita baixa da Terra e doze haviam caminhado na Lua. Laika, a cadela russa, viajou em órbita antes de todos. A seguir, as viagens espaciais mais marcantes.

1957 Laika (cadela)
circundou a Terra

1961 Yuri Gagarin
primeiro homem a orbitar a Terra

1963 Valentina Tereshkova
primeira mulher no espaço

1963 Valery Bykovsky
fez o mais longo voo no espaço

1965 Alexey Leonov
realizou a primeira "caminhada" no espaço (chamada de atividade extraveicular)

1965 Edward H. White II
"caminhada" no espaço, primeiro a utilizar uma unidade portátil de manobras por 20s

1966 Veterok e Ugolyok

1968 Frank Borman, Jim Lovell e Bill Anders
Apollo 8, primeiro foguete tripulado a deixar a órbita terrestre

1969 Neil Armstrong e Buzz Aldrin
Apollo 11, primeira missão a desembarcar homens na Lua

1970 Jim Lovell, Fred Haise e Jack Swigert
Apollo 13, primeiros humanos a 400.171km da Terra

1972 Eugene Cernan e Harrison Schmitt
maior permanência na superfície lunar

1972 Ronald Evans
maior permanência na órbita lunar a bordo do Apollo 17

1988-1998 Anatoly Solovyev
número recorde de "caminhadas" no espaço (16) e maior tempo cumulativo de atividades extraveiculares

1988-2005 Sergei Krikalev
passou mais tempo no espaço (cumulativo) do que qualquer outra pessoa

1994-1995 Valeri Polyakov
mais longa estada no espaço a bordo da estação espacial Mir

1998 John Glenn
o homem mais velho a ir para o espaço, na idade de 77 anos

2002-2007 Peggy Whitson
mulher com maior permanência no espaço

2006-2007 Sunita Williams
voo solo mais longo que uma mulher já fez

news.bbc.co.uk, space today.org, wikipedia.org

AO PÉ DE UM **VULCÃO**

As pessoas fossilizadas em Pompeia pela erupção do Vesúvio em 79 d.C. (estima-se que 3.300 morreram) são uma terrível advertência a quem reside no raio de alcance da lava de um vulcão. Surpreendentemente, há muitas, como mostra o gráfico.

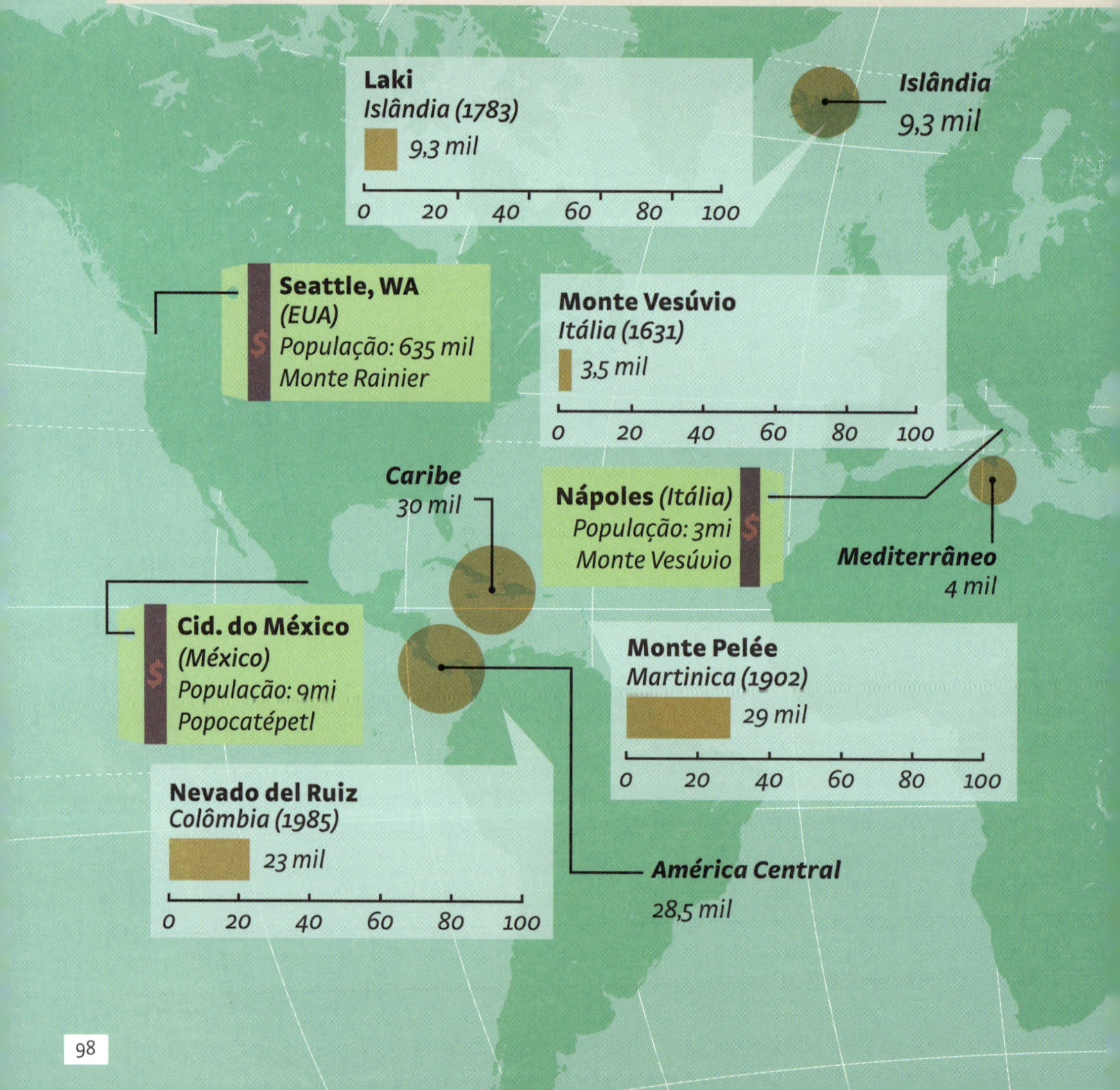

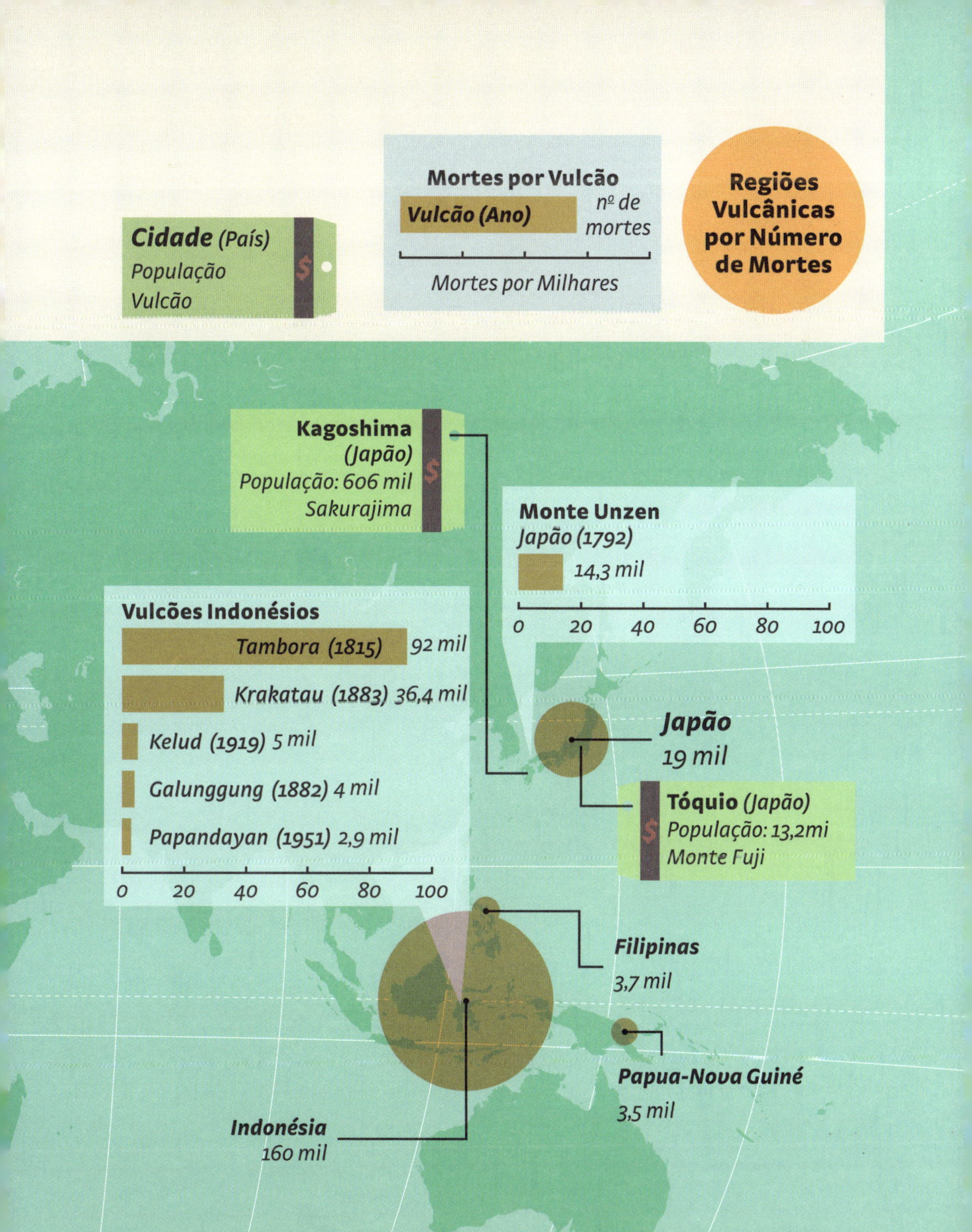

volcano.oregonstate.edu, Blong, R.J., 1984, Volcanic Hazards: A Sourcebook on the Effects of Eruptions: Orlando, Florida, Academic Press, volcanodiscovery.com, wikipedia.org

MUNDO **ILUMINADO**

Poluição luminosa é o efeito indesejado da iluminação artificial, que pode impedir a visão das estrelas e perturbar os ritmos biológicos naturais dos seres humanos e dos animais. Em março de 2013, Hong Kong foi citada como a cidade de maior poluição luminosa do mundo. Entre os céus com menor poluição luminosa estão os de regiões protegidas, designadas como International Dark Sky Parks (IDSPs, ou "Parques Internacionais de Céu Escuro") e Reserves (IDSRs). A Escala Bortle aqui mostrada mede a poluição luminosa das regiões.

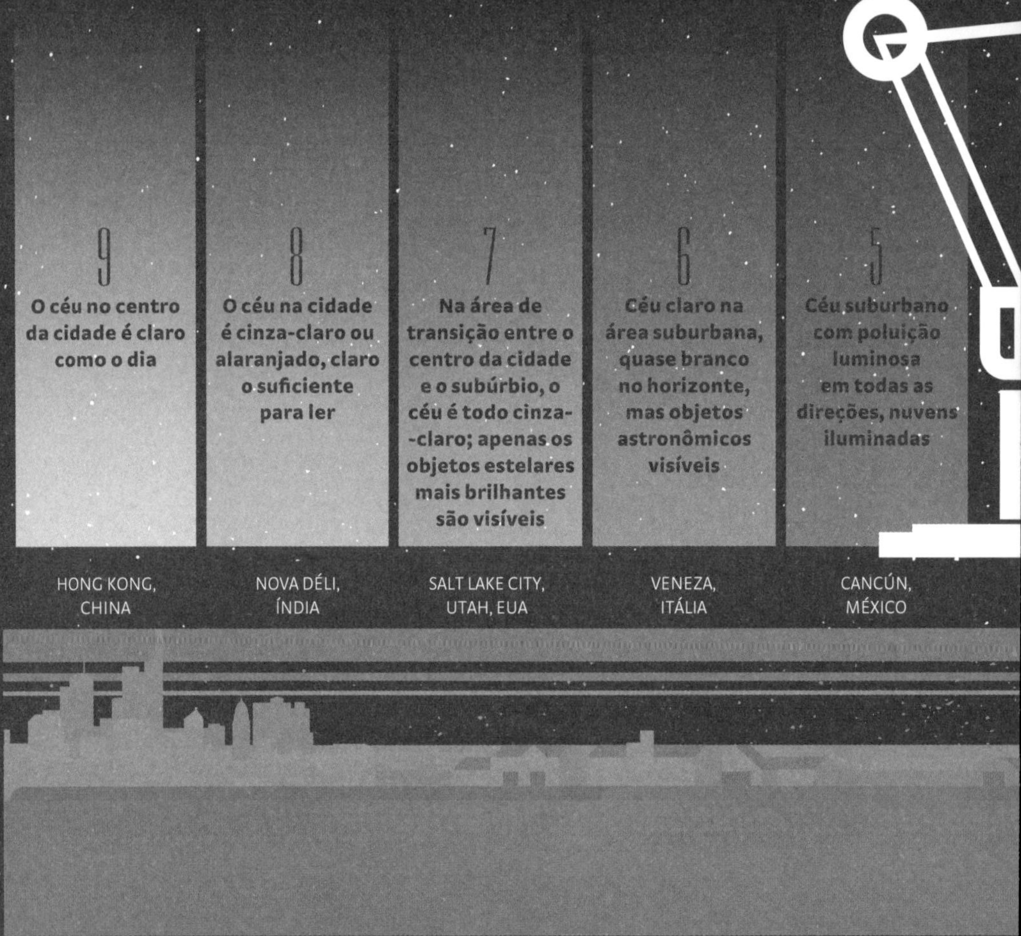

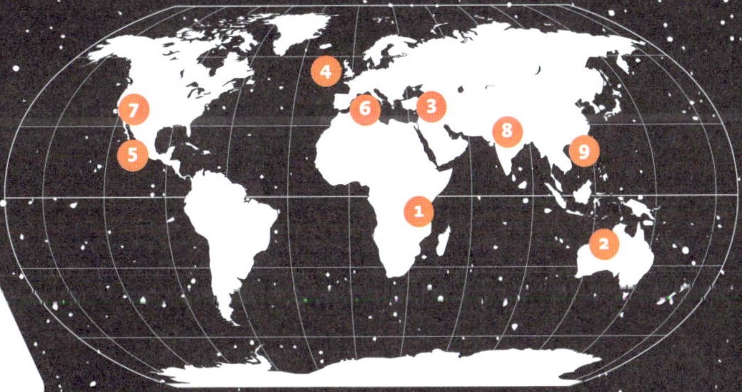

4

Céu entre o subúrbio e o campo, domos brilhantes de poluição luminosa no horizonte

TRUSK LOUGH, BALLYBOFEY, COUNTY DONEGAL, IRLANDA

3

Céu no campo, suave poluição luminosa e um brilho branco na linha do horizonte

PARQUE NAC. ULUDAG, BURSA, TURQUIA

2

Típico céu escuro natural; galáxia da Via Láctea claramente visível

BUNGLE RANGE, AUSTRÁLIA OCIDENTAL

1

Excelente céu escuro, possibilita a visão de todo o brilho zodiacal

MONTE KILIMANJARO, TANZÂNIA, ÁFRICA

skyandtelescope.org, dark sky.org, wikipedia.org

NOMENCLATURA **ELEMENTAR**

Os elementos químicos e os nomes das pessoas que os descobriram ou dos lugares em que foram descritos pela primeira vez.

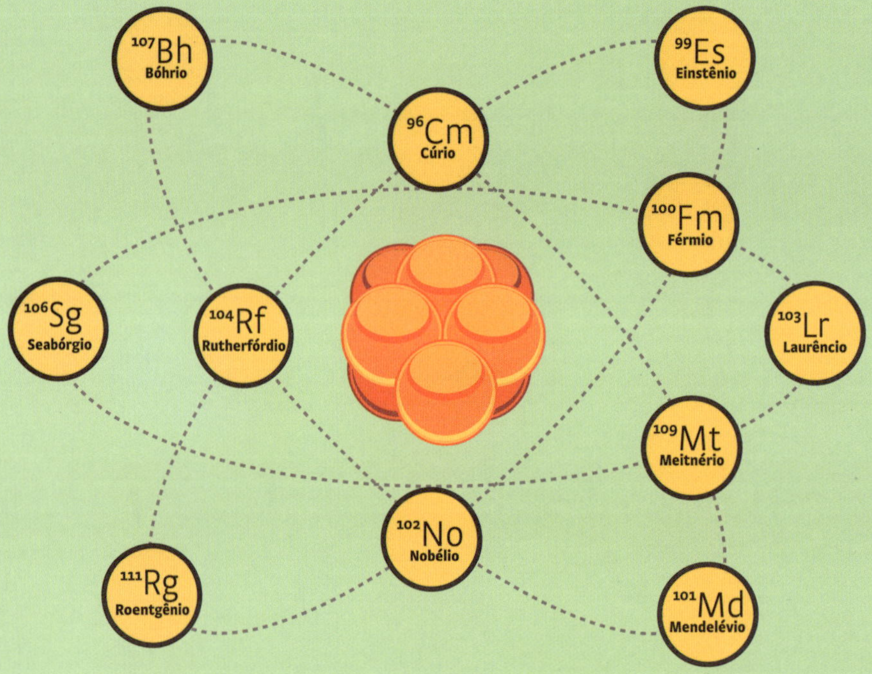

ELEMENTOS QUE HOMENAGEIAM PESSOAS

(elemento, símbolo, número atômico, origem do nome, data de descobrimento)

Bh	Bóhrio, Bh, 107, Niels Bohr, 1981
Cm	Cúrio, Cm, 96, Pierre e Marie Curie, 1944
Es	Einstênio, Es, 99, Albert Einstein, 1952
Fm	Férmio, Fm, 100, Enrico Fermi, 1953
Lr	Laurêncio, Lr, 103, Ernest Lawrence, 1965
Mt	Meitnério, Mt, 109, Lise Meitner, 1982
Md	Mendelévio, Md, 101, Dmitri Mendeleev, 1955
No	Nobélio, No, 102, Alfred Nobel, 1963
Rg	Roentgênio, Rg, 111, Wilhelm Roentgen, 1994
Rf	Rutherfórdio, Rf, 104, Ernest Rutherford, 1964
Sg	Seabórgio, Sg, 106, Glenn T. Seaborg, 1974

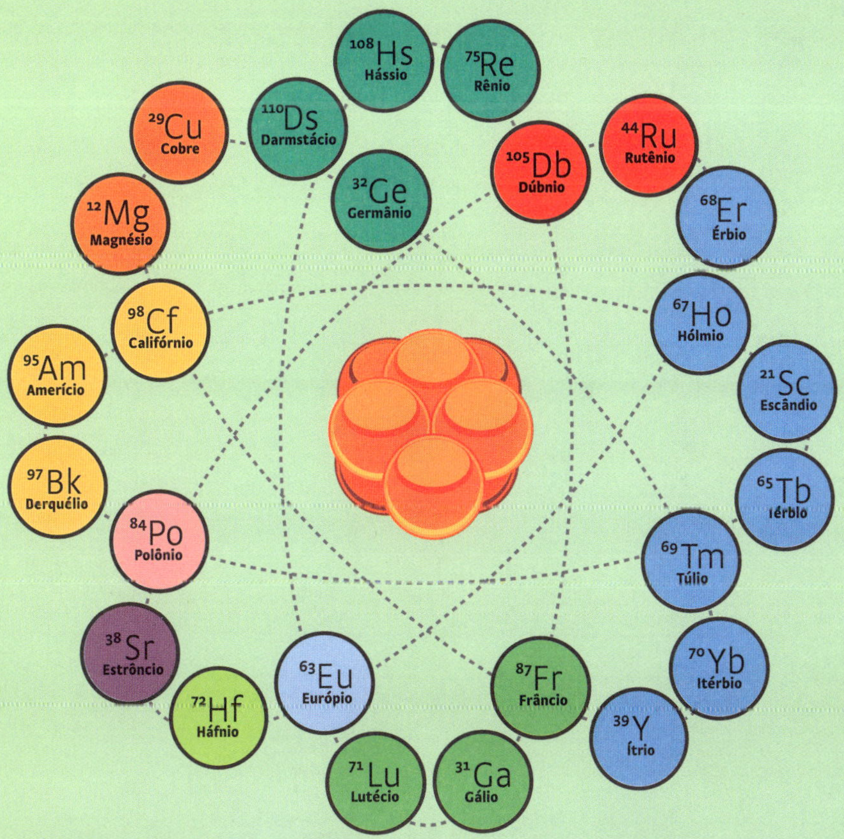

ELEMENTOS QUE HOMENAGEIAM LUGARES *(elemento, símbolo, número atômico, origem do nome, data de descobrimento)*

Am	Amerício, Am, 95, América, 1944	Re	Rênio, Re, 75, Rio Reno, 1925	Y	Ítrio, Y, 39, Ytterby, na Suécia, 1794
Bk	Berquélio, Bk, 97, Berkeley, na Califórnia, 1949	Db	Dúbnio, Db, 105, Dubna, na Rússia, 1968-70	Fr	Frâncio, Fr, 87, França, 1939
Cf	Califórnio, Cf, 98, estado e Universidade da Califórnia, 1950	Ru	Rutênio, Ru, 44, Rutênia, 1844	Ga	Gálio, Ga, 31, Gália (França), 1875
Cu	Cobre, Cu, 29, Chipre, Pré-História	Er	Érbio, Er, 68, Ytterby, na Suécia, 1843	Lu	Lutécio, Lu, 71, Lutécia (nome romano de Paris), 1907
Mg	Magnésio, Mg, 12, Magnésia (comuna da Grécia), 1755	Ho	Hólmio, Ho, 67, Holmia (nome latino de Estocolmo), 1878	Eu	Európio, Eu, 63, Europa, 1901
Ds	Darmstácio, Ds, 110, Darmstadt, na Alemanha, 1994	Sc	Escândio, Sc, 21, Escandinávia, 1879	Hf	Háfnio, Hf, 72, Hafnia (nome latino de Copenhague), 1923
Ge	Germânio, Ge, 32, Alemanha, 1886	Tb	Térbio, Tb, 65, Ytterby, na Suécia, 1843	Sr	Estrôncio, Sr, 38, Strontian, na Escócia, 1790
Hs	Hássio, Hs, 108, Hesse, na Alemanha, 1984	Tm	Túlio, Tm, 69, Thule (antigo nome da Escandinávia), 1879	Po	Polônio, Po, 84, Polônia, 1898
		Yb	Itérbio, Yb, 70, Ytterby, na Suécia, 1878		

EM QUE **PLANETA** VOCÊ ESTÁ?

Se você fosse lançado no espaço sem nenhum mapa ou indicações, apenas com uma fita métrica muito longa em seu traje espacial, seria capaz de dizer em que planeta pousou julgando apenas a partir de seu raio médio?

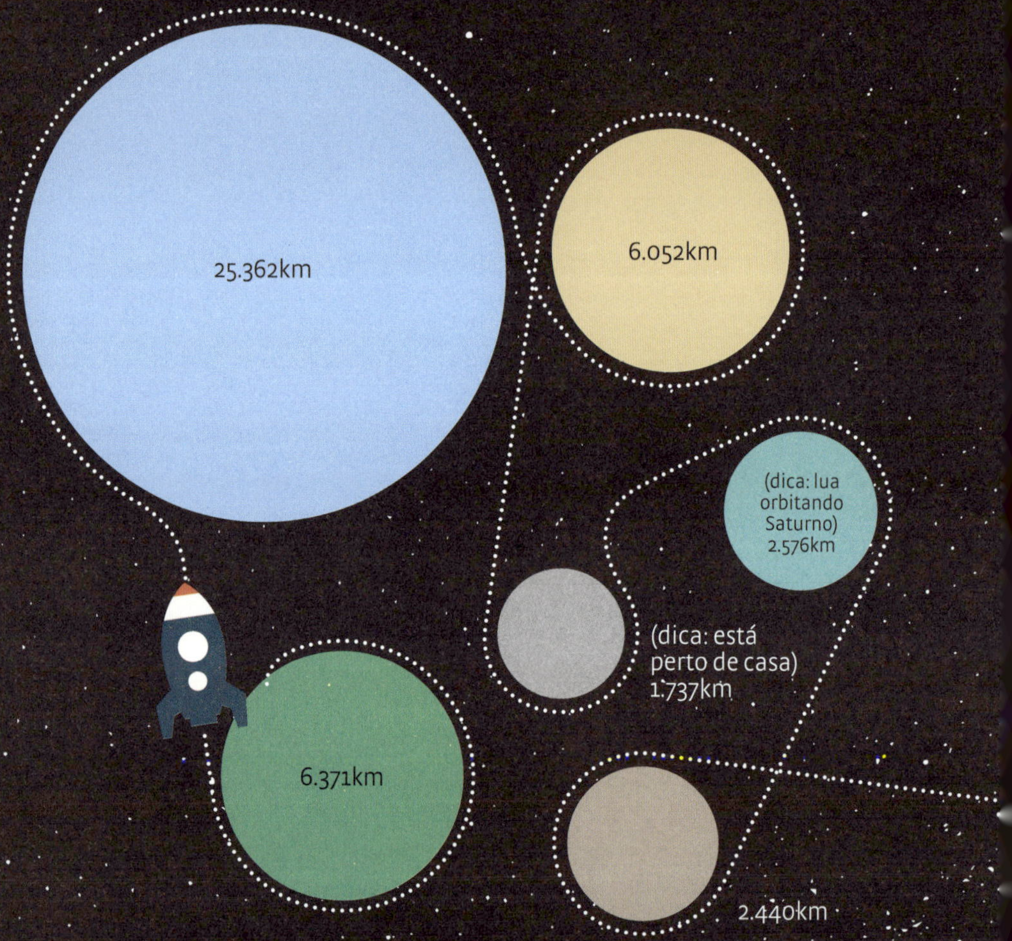

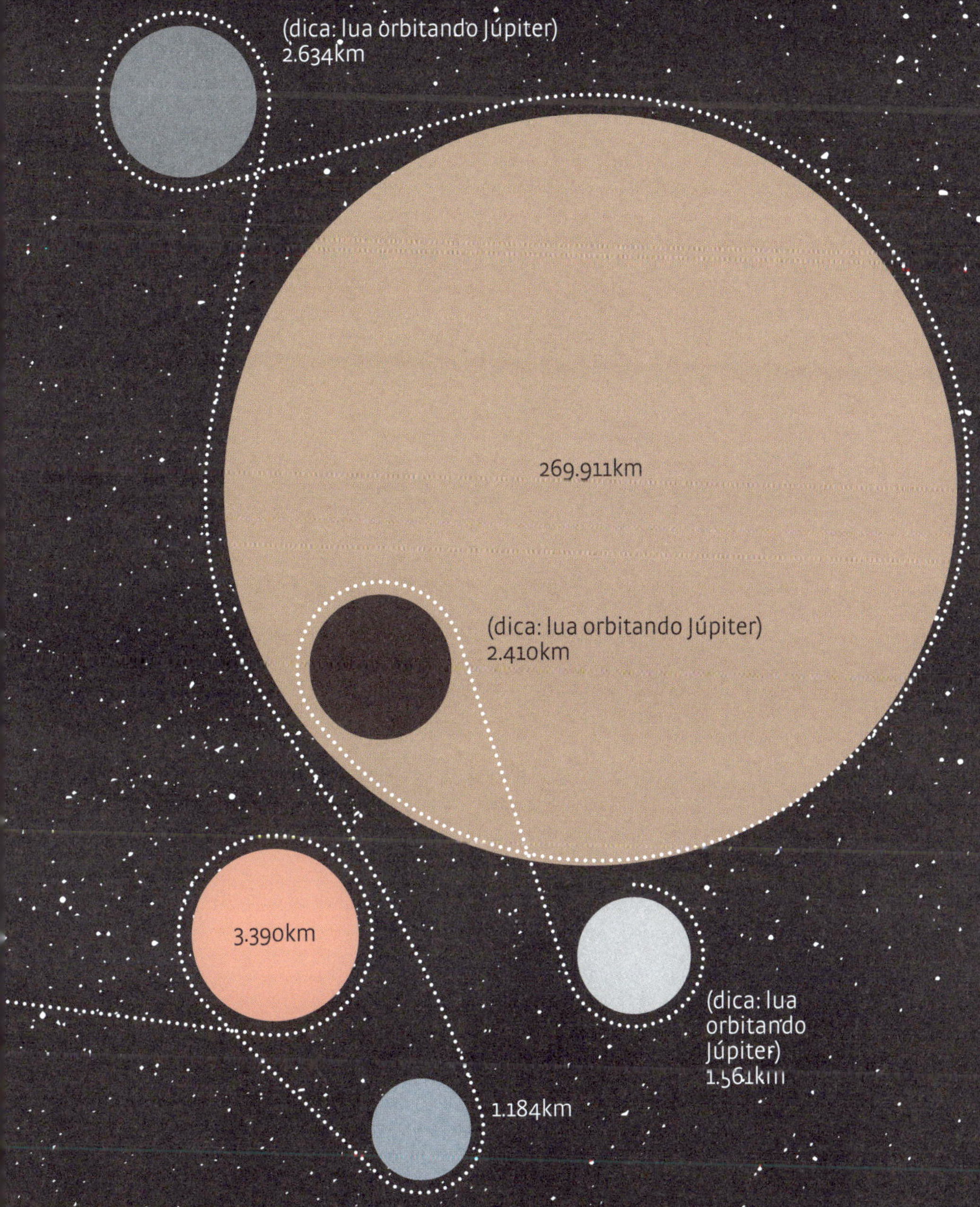
(dica: lua orbitando Júpiter)
2.634km
269.911km
(dica: lua orbitando Júpiter)
2.410km
3.390km
(dica: lua
orbitando
Júpiter)
1.561km
1.184km

ERRADICAR **DOENÇAS**

Apesar dos bilhões de dólares gastos ao redor do mundo para conter a disseminação de doenças, a varíola foi o primeiro e até agora o único grande mal infeccioso de humanos a ser erradicado (em 1980). Eis os próximos alvos da erradicação, segundo a Organização Mundial da Saúde.

Mortes
Cegos
Infectados

DOENÇAS VISADAS PELA FORÇA-TAREFA INTERNACIONAL PARA A ERRADICAÇÃO DE DOENÇAS

TENÍASE/ CISTICERCOSE
(cestodário)
50 MILHÕES DE CASOS
50.000 MORTES
PREVALENTE EM
África, Ásia, América Latina

SARAMPO
780.000 MORTES
PREVALENTE EM
África, Sudeste Asiático, Europa, Mediterrâneo Oriental, regiões do Pacífico Ocidental

POLIOMIELITE *(Pólio)*
2.000 CASOS DA DOENÇA PARALISANTE
200 MORTES
PREVALENTE EM
Afeganistão, Nigéria, Paquistão

ELEFANTÍASE
120 MILHÕES DE INFECTADOS
PREVALENTE EM
65% Sudeste Asiático, 30% África

RUBÉOLA
10.000 BEBÊS NASCIDOS COM A DOENÇA
PREVALENTE EM
África, Sudeste Asiático

DRACUNCULÍASE
(doença do verme-da-guiné)
> 10.000 PESSOAS INFECTADAS
PREVALENTE NA
África

TRIPANOSSOMÍASE AMERICANA
(doença de Chagas)
10-12 MILHÕES DE INFECTADOS
PREVALENTE NA
América Latina

TRACOMA
2,2 MILHÕES DE CASOS
1,2 MILHÃO DE CEGOS
PREVALENTE EM
África, América Latina, Ásia, Austrália

RAIVA
52.000 MORTES
PREVALENTE EM
Ásia, África

TÉTANO NEONATAL
560.000 MORTES
PREVALENTE EM
África rural, Ásia, América Latina

MALÁRIA
> 50 MILHÕES DE CASOS
> 750.000 MORTES
PREVALENTE EM
Ásia, África, América Latina

HEPATITE B
600.000 MORTES
PREVALENTE EM
África Subsaariana, Leste da Ásia

ONCOCERCOSE
(cegueira do rio)
37-40 MILHÕES DE CASOS
340.000 CEGOS
PREVALENTE NA
África Subsaariana

DOENÇAS PARCIALMENTE E POTENCIALMENTE ERRADICÁVEIS

who.org, Oxford Companion to Medicine, cartercenter.org

QUE O SEU **DEUS** O ACOMPANHE

Ele pode ter diferentes nomes, mas Deus ainda é uma figura poderosa para crentes do mundo todo. Veja como os 7 bilhões de pessoas da Terra se dividem em termos de crença religiosa – ou de descrença.

31%

CRISTIANISMO

Católicos	50%
Protestantes	27%
Ortodoxos	12%
Outros	1%

7%

BUDISMO

50% na China

16%

SEM RELIGIÃO

Ateus, agnósticos

GOD IS DEAD

0,2%

JUDAÍSMO

41% nos EUA

41% em Israel

 worldometers.info

23%
ISLAMISMO
Sunitas 87-90%
Xiitas 10-13%
6%
RELIGIÕES NATIVAS
Étnicas ou tribais
15%
HINDUÍSMO
94%
na Índia
1%
OUTRAS RELIGIÕES
Bahá'í, Taoismo,
Jainismo, Siquismo etc.

Madeira serrada 413 milhões m³
Painéis 203 milhões m³
Madeira usada para mobiliário e construção por ano
Toras 1,657 milhão m³
Elmo Ulmus glabra
Freixo Fraxinus excelsior
Bétula-da-groenlândia Betula pubescens
Vidoeiro-branco Betula pendula
Cadeira
Nogueira Espécies de Juglans
Mesa/cadeira entalhada
Mogno Espécies de Swietenia
Gabinete
Mesa/cadeira externa
Cerejeira Prunus avium
Abeto-de-douglas Pseudotsuga menziesii
Sequoia Sequoia sempervirens

A **FLORESTA** DO FAÇA VOCÊ MESMO

A popularização nas duas últimas décadas, nos EUA e na Europa, da mobília montada pelo próprio comprador fez surgir um novo setor de florestamento. Veja quanta madeira – e de que tipo – é usada anualmente para a produção de raquetes de tênis, cadeiras, mesas e revestimentos.

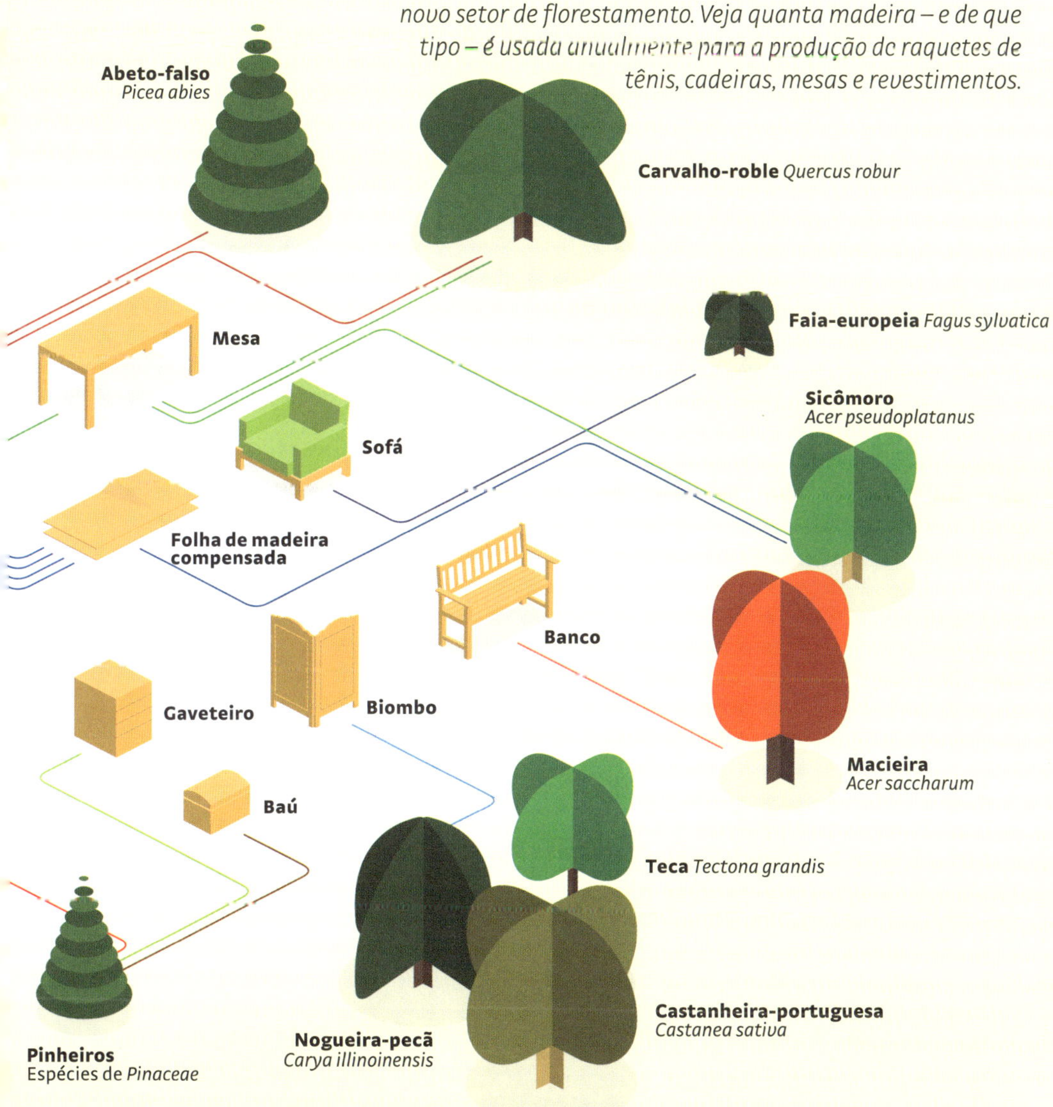

American Home Furnishings Alliance, British Furniture Manufacturers, Forestry Commission

DO ÁBACO AO **TWITTER**

O computador, em sua forma primitiva, começou bem antes de Charles Babbage. Ele foi apenas uma das etapas da longa viagem até o Twitter.

c. 3000 a.C.

Inventado o ábaco, instrumento de cálculo, no Oriente Médio ou na China.

1890

Herman Hollerith projeta uma máquina de tabulação para processar dados para o censo americano de 1890. Depois, funda a Companhia de Máquinas Tabuladoras, precursora da IBM.

1936-37

Alan Turing descreve os princípios por trás do computador moderno, a 'máquina de Turing'.

1938

O alemão Konrad Zuse projeta o Z1, primeiro computador mecânico binário programável.

1939

A empresa Hewlett-Packard é fundada em Palo Alto, Califórnia, inaugurando a longa relação da região com a computação.

1943

Colossus, um grande computador de tubo a vácuo, é desenvolvido pelos britânicos em Bletchley Park para decifrar os códigos alemães durante a guerra.

1944

A Universidade de Harvard e a IBM unem esforços para construir o Mark 1, o primeiro computador programável digital. Ele media 16m, pesava 4.500kg e continha 765.000 peças.

1946

Revelado o ENIAC (Electronic Numerical Integrator and Computer). Projetado para uso no laboratório de pesquisa balística do exército dos EUA, é considerado o primeiro computador eletrônico digital.

1952

O MANIAC, do Los Alamos National Laboratory, no Novo México, torna-se o primeiro computador a disputar uma partida completa de xadrez.

1981

C:\>_

O sistema operacional MS-DOS é introduzido nos computadores pessoais produzidos pela IBM.

1982

Elk Cloner, o primeiro grande vírus autopropagável de computador pessoal, é criado pelo estudante de 15 anos Rich Skrenta.

1983

DNS

Domain Name System introduzido na internet.

1984

Apple lança o computador Macintosh.

1988

O Verme Morris é distribuído pela internet.

1989

www.

Tim Berners-Lee, do laboratório de física de partículas CERN, em Genebra, desenvolve a World Wide Web, para facilitar a colaboração entre cientistas de todo o mundo.

1991

Berners-Lee coloca o primeiro website on-line em http://info.cern.ch.

1994

A Casa Branca lança seu site, www.whitehouse.gov.

2005

Primeiro vídeo é posto no YouTube, 'Me at the Zoo', do cofundador Jawed Karim.

2006

Criador do Twitter, Jack Dorsey posta a primeira mensagem: 'just setting up my twttr' ('apenas configurando meu twitter').

2010

O site WikiLeaks publica milhares de documentos do departamento diplomático dos EUA.

2012

B

O número de usuários ativos do Facebook ultrapassa a marca de 1 bilhão.

século I a.C.

Máquina de Anticítera é construída na Grécia para calcular posições astronômicas.

Início do século XVII

O matemático escocês John Napier descreve os logaritmos. Eles fornecem a base para o funcionamento das réguas de cálculo de William Oughtred.

1642-45

O matemático francês Blaise Pascal constrói um instrumento mecânico de cálculo.

1801

Joseph Marie Jacquard apresenta seu tear automático; o funcionamento com base em padrões registrados em cartões perfurados ajudou a estabelecer as fundações para a programação de computadores no futuro.

1823

Charles Babbage começa a trabalhar em sua calculadora, a Máquina Diferencial. Apenas um modelo de demonstração com 2 mil peças haveria de ganhar forma.

1834

Babbage desenvolve planos para a Máquina Analítica, considerada a precursora do computador moderno.

1843

Ada, condessa de Lovelace, antiga colaboradora de Babbage, publica instruções para a Máquina Analítica – de fato a primeira descrição de um 'programa de computador'.

1854

George Boole publica As leis do pensamento, no qual descreve o que se chamaria de Álgebra Booliana, base da ciência da computação moderna.

1960

Doug Engelbart inventa o mouse do computador, então conhecido como X-Y Position Indicator.

Fim déc. 1960

A equipe da IBM começa a desenvolver o primeiro disquete.

1971

Ray Tomlinson envia o primeiro e-mail em rede fechada. O símbolo de '@' que ele escolheu é usado em endereços de e-mail até hoje.

1971

O Intel 4004 torna-se o primeiro microprocessador disponível comercialmente.

Meados déc. 1970

Vint Cerf e Bob Kahn desenvolvem os protocolos de comunicação básicos para a internet.

1975

Bill Gates e Paul Allen formam uma parceria chamada Microsoft.

1976

O primeiro computador Apple é produzido manualmente por Steve Wozniak. A rainha Elizabeth envia um e-mail, a primeira chefe de Estado a fazê-lo.

1980

O Sinclair ZX-80 é lançado por menos de £100.

1995

Amazon.com é posto on-line, e o Ebay surge como 'AuctionWeb'. A Sony lança o PlayStation.

1996

Criado o Google (então conhecido como 'BackRub') nos servidores da Universidade de Stanford por Larry Page e Sergey Brin.

1996

O computador Deep Blue da IBM derrota o campeão mundial de xadrez Garry Kasparov.

1997

A transmissão de imagens da Nasa obtidas pela sonda Pathfinder em Marte provoca o recorde de 46 milhões de acessos em um dia.

2001

O número de domínios na internet ultrapassa 1 milhão.

2001

Wikipedia estreia on-line.

2003

O Skype é lançado.

2004

Facebook é fundado por Mark Zuckerberg e vários de seus companheiros de Harvard.

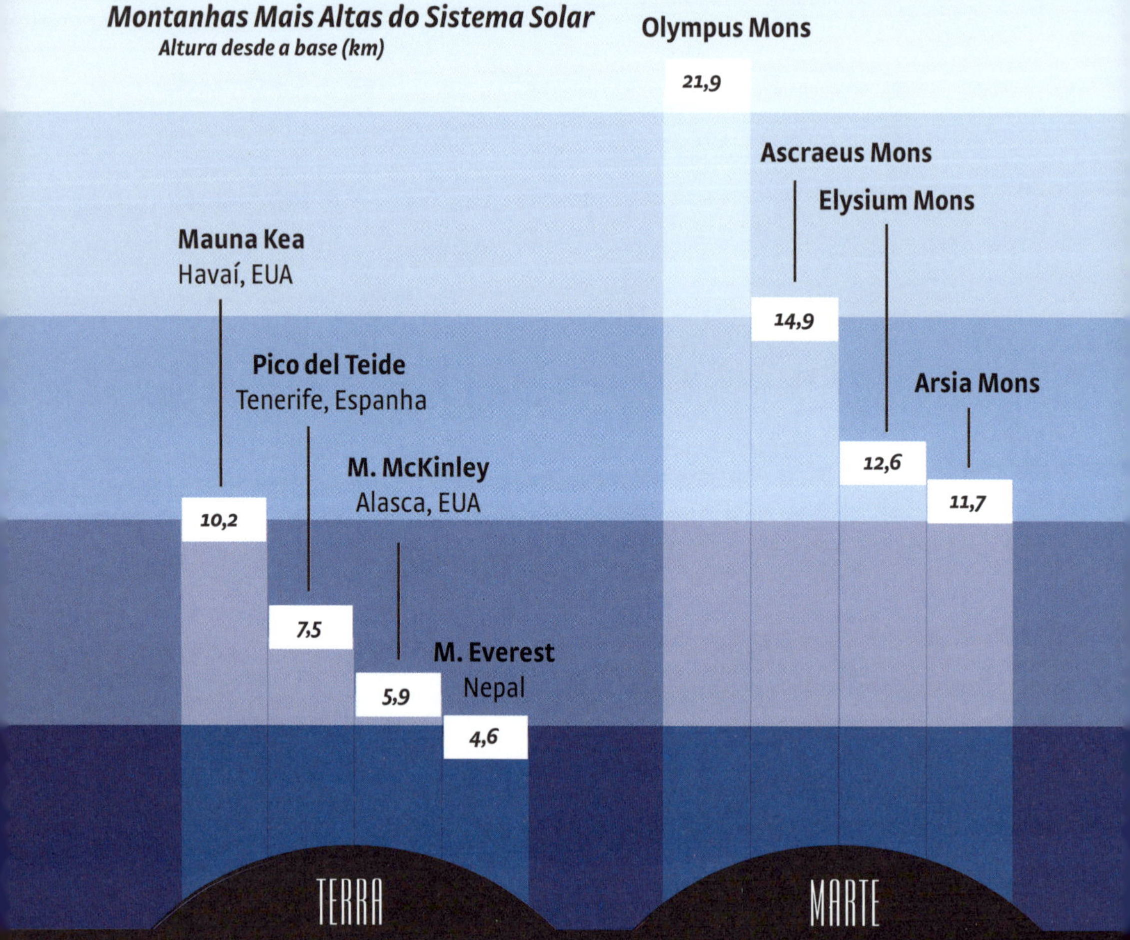

MONTANHAS A TRANSPOR

O monte Everest é a montanha mais alta do mundo, medida do nível do mar. Mas e se você tirar o mar – como ela se compara às montanhas de outros lugares de nosso planeta e do Sistema Solar? Medido da base até o pico, o Everest é apenas a quarta montanha mais alta da Terra e parece bem baixa em relação às montanhas de Marte, do asteroide

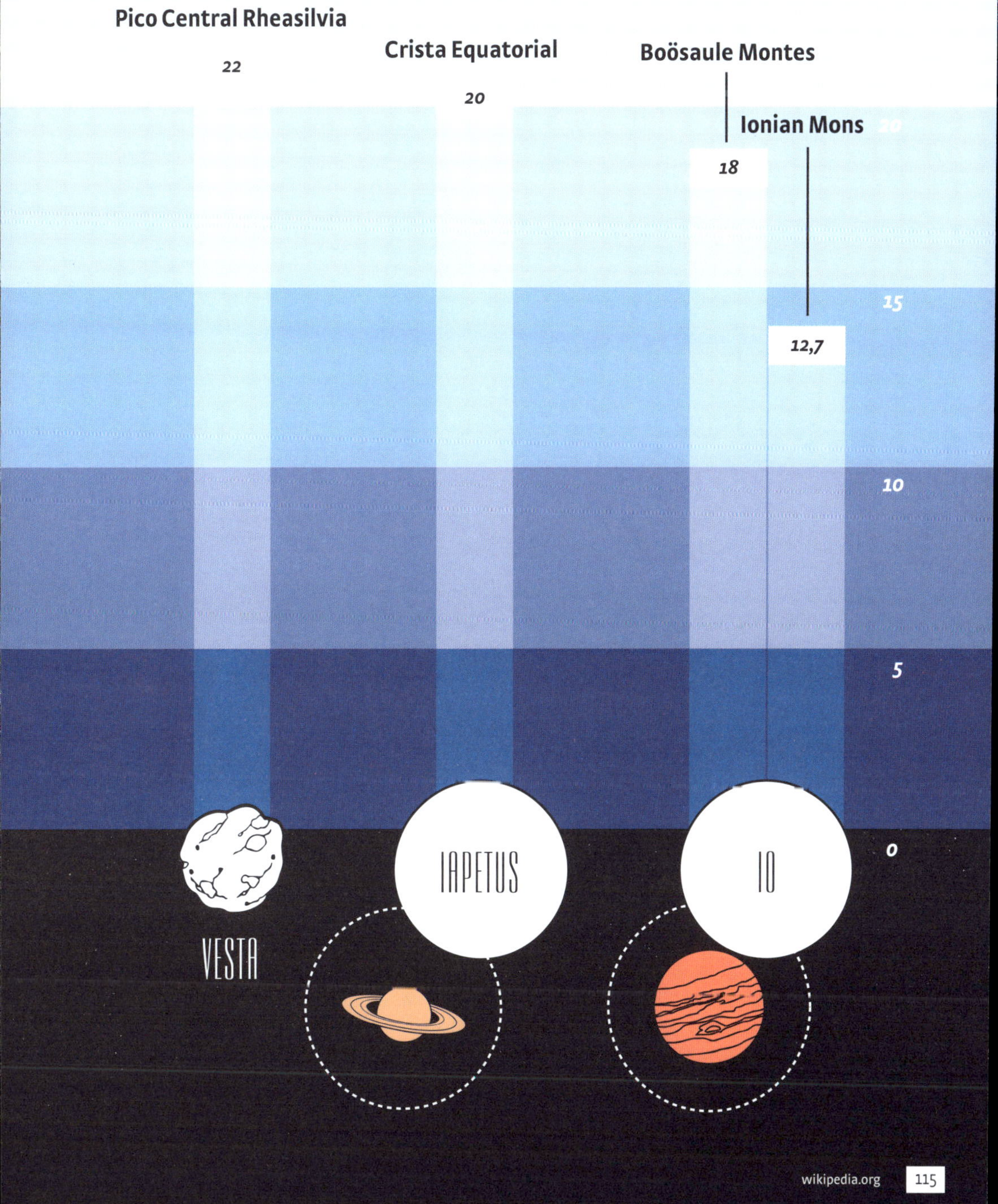
Pico Central Rheasilvia
22
Crista Equatorial
20
Boösaule Montes
18
Ionian Mons
12,7
20
15
10
5
0
VESTA
IAPETUS
IO

O PESO DA **FELICIDADE**

Será mito que as pessoas gordas são felizes? Ao comparar o ranking de países do Relatório Mundial sobre a Felicidade de 2013 (para a ONU) com as estatísticas da Organização Mundial da Sáude sobre o índice médio de massa corporal de cada nação, podemos ter uma boa ideia sobre a consistência dessa afirmação. Os resultados sugerem que há um IMC ótimo para a felicidade, que implica em não ser nem gordo nem magro demais.

ISSUU World Happiness Report 2013 by Earth Institute of Columbia University, wikipedia.org

GRANDES BOLAS **DE FOGO**

Da próxima vez que você estiver num voo de longa distância, pense na sorte que tem por levar apenas 24 horas para atravessar nosso globo. Estes objetos celestes fazem a Terra parecer um grãozinho de areia no universo.

TERRA	**12.742km**	*O quarto menor planeta do Sistema Solar.*
JÚPITER *Maior planeta do Sistema Solar*	**139.822km**	x 11 = x 1 *11 vezes maior que a Terra em diâmetro, 318 vezes em massa.*
SOL *Maior astro do Sistema Solar*	**1,3 milhão km**	x 10 = x 1 *10 vezes maior que Júpiter, 109 vezes maior que a Terra.*
UY SCUTI *Maior estrela descoberta na constelação de Escudo*	**2,4 bilhões km**	x 1700 = x 1 *Mais de 1.700 vezes maior que o Sol.*
SISTEMA SOLAR *No Sistema Solar exterior os cometas orbitam a 1,87 ano-luz do Sol*	**4 anos-luz**	*1 ano-luz { 9,5 trilhões km* *Tão grande que se usa uma escala diferente.*
VIA LÁCTEA *Uma galáxia em espiral que consiste em 300 bilhões de estrelas*	**100 mil anos-luz (diâmetro)**	x 27 mil = x 1 *27 mil vezes maior que o Sistema Solar.*
MARKARIAN 348 *(NGC262) maior galáxia em espiral conhecida da constelação de Andrômeda*	**1,3 milhão anos-luz (diâmetro)**	x 13 = x 1 *13 vezes o tamanho da Via Láctea.*
IC 1101 *Galáxia elíptica supergigante na constelação de Virgem*	**6 milhões anos-luz (diâmetro)**	x 4,6 = x 1 *Quase 5 vezes maior que a Markarian 348, contém 100 trilhões de estrelas.*

beforeitsnews.com, news.cnet.com, universetoday.com, wikipedia.org

GRANDE-LQG
A maior coisa que existe, o Grande Grupo de Quasares emite enorme quantidade de radiação eletromagnética.
4 bilhões de anos-luz de comprimento
Composto por 73 quasares, algo grande demais para quantificar.

QUEM MANDA DE FATO NO MUNDO

Segundo os adeptos da teoria da conspiração, o mundo é "comandado" por organizações que nem sempre são secretas, embora seus objetivos e ações o sejam (é claro). Conheça as dez organizações mais poderosas segundo o conhecimento popular da teoria da conspiração e as alegações do que elas têm feito ou pretendem fazer ao mundo.

a.C. | SÉCULO XII | 1540 | 1717 | 1776

REPTILIANOS

ERA PRÉ-CRISTÃ

Controle velado da humanidade.

Políticos americanos, realeza europeia, estrelas do show business

IRMANDADE DOS JESUÍTAS

IGREJA CATÓLICA

Papa dono do mundo, fim da democracia.

Ex-presidentes dos EUA, secretários do Estado e chefes de grandes corporações

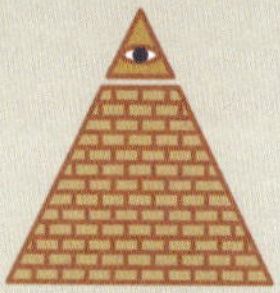

ILLUMINATI

BAVIERA, ALEMANHA

Destruição do cristianismo, manutenção de crenças ocultistas, controle do mundo.

Banqueiros, presidentes dos EUA, chefes da CIA, políticos internacionais, família real britânica

NOBREZA NEGRA

VENEZA, ITÁLIA

Comando do mundo após desbastar a população por meio de guerras.

Famílias reais europeias e famílias presidenciais e petroleiras dos EUA

FRANCO-MAÇONS

EUROPA

Estabelecer um governo mundial.

Realeza, astronautas, primeiros-ministros britânicos, líderes empresariais

SUPOSTAS AÇÕES

- Abdução humana, sacrifício/cerimônias
- Adoração satânica
- Líderes mundiais praticam rituais pagãos
- Instauração do comércio de escravos humanos
- Abuso infantil
- Poder por trás da ascensão de líderes de EUA e RU
- Assassinato: JFK, papa João Paulo II, Aldo Moro
- Tiroteios em escolas secundárias americanas
- Causa dos ataques ao WTC de Nova York
- Controle dos governos de EUA, RU, UE e Hollywood
- Controle da mente
- Gerência dos Bancos Mundial e Central dos EUA
- Guerras/revoluções, tráfico de drogas e comércio de armas
- Invenção e destruição da primeira bomba atômica
- Responsabilidade pela epidemia de Aids
- Criação da crise econômica mundial
- Formação dos Illuminati
- Formação da União Europeia
- Desestabilização de governos liberais e anticapitalistas
- Fraude da aterrissagem na Lua

1872 | 1897 | 1919 | 1948 | 1954

BOHEMIAN GROVE

CALIFÓRNIA, EUA

Destruição da civilização, escravização da população mundial.

Ninguém sabe...

CONSELHO DE RELAÇÕES EXTERIORES

EUA

O estabelecimento do capitalismo de livre mercado como regra no mundo.

Antigos políticos dos EUA e do Reino Unido, líderes empresariais, membros do Grupo Bilderberg

GRUPO BILDERBERG

HOLANDA

Controle de um único governo, banco e exército globais.

150 membros

COMITÊ DOS 300 (OS OLÍMPICOS)

COMPANHIA DAS ÍNDIAS ORIENTAIS

Poder sobre uma Nova Ordem do Mundo.

Políticos americanos, maiores líderes empresariais

AGÊNCIA CENTRAL DE INTELIGÊNCIA DOS EUA

EUA

21,5 mil funcionários

pseudoreality.org, armageddonconspiracy.co.uk, realworldorder.net, davidicke.com, wikipedia.org

ISSO AÍ NUNCA **VAI PEGAR...**

Algumas ideias são avançadas demais para que o resto do mundo compreenda o quanto poderiam ser importantes. Examinando o tempo entre o surgimento de uma invenção e sua aceitação pela sociedade, vemos que o paraquedas levou três séculos, e o pão fatiado, quase duas décadas, mas o Google foi incorporado apenas nove anos após a primeira demonstração da World Wide Web.

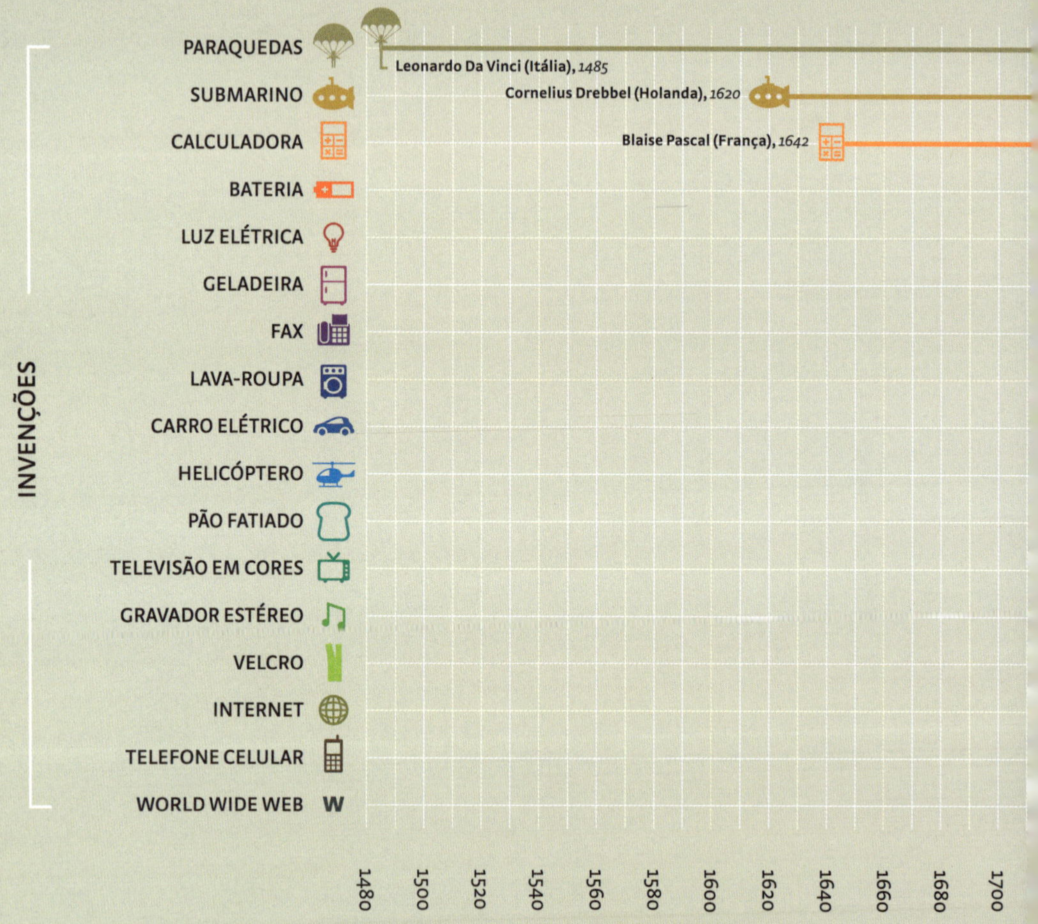

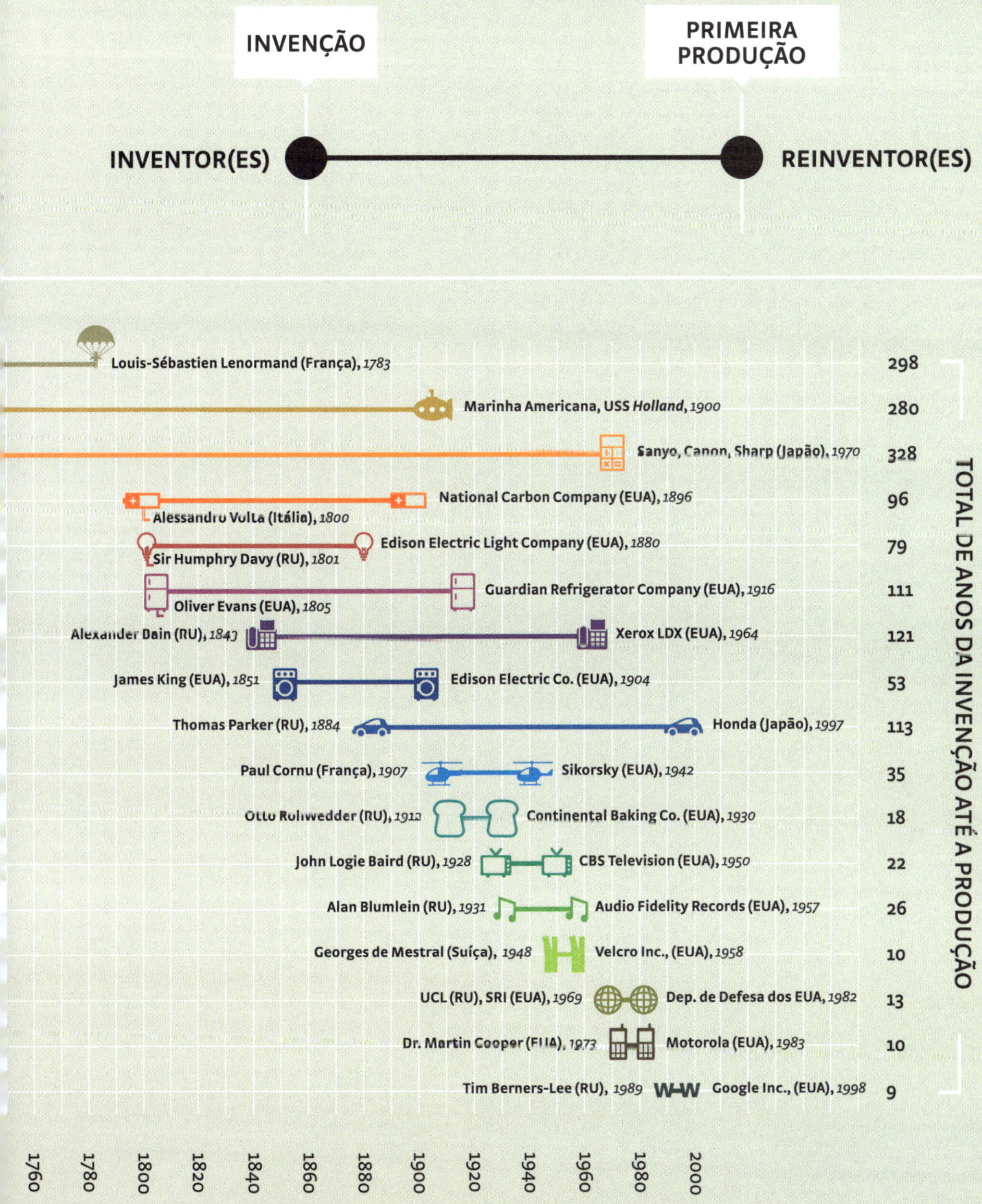

britishlibrary.co.uk, audiokarma.org, lightbulb.co.uk, wikipedia.org, Lemelson Foundation, American Physical Society, radiomuseum.org, Helicopters magazine, about.com, biography.com, velcro.co.uk, Gale Directory of Company Histories, Vintage Calculators Web Museum, ideafinder.com, bairdtelevision.com

ALT, SHIFT... **DELETE?**

Os estoques de dados do mundo são mantidos no subterrâneo ou em grandes unidades de armazenamento alimentadas por eletricidade, em localizações quase sempre secretas, e dependem de que os recursos de energia não se esgotem. Existem ainda algumas bibliotecas no estilo antigo que guardam vários hectares de dados em papel. Veja a comparação entre livros e computadores e as ameaças à existência de ambos.

Reino Unido	*EUA*	*EUA*	*Rússia*	*Japão*	*China*
BIBLIOTECA BRITÂNICA	**BLIBLIOTECA DO CONGRESSO**	**BIB. PÚBLICA DE NOVA YORK**	**BIBLIOTECA NACIONAL RUSSA**	**BIB. NACIONAL DA DIETA**	**BIBLIOTECA NACIONAL DA CHINA**
170mi itens	151,8mi itens	53,1mi itens	44,4mi itens	35,6mi itens	31,2mi itens
112.000m²	**186.000m²**	**60.079m²**	**57.600m²**	**74.900m²**	**80.000m²**

PRINCIPAIS AMEAÇAS A BIBLIOTECAS

- incêndio
- bomba
- terremoto
- corte de verba
- tsunami
- saque
- falta de manutenção
- mudança na ventilação
- sociedades extremistas que queimam livros

GOOGLE *Goose Creek Berkeley County, SC, EUA* **(Desconhecido)**

GOOGLE *Lenoir, NC, EUA* **(Desconhecido)**

GOOGLE *Council Bluffs, IA, EUA* **10.684m²**

GOOGLE *Douglas County, GA, EUA* **(Desconhecido)**

GOOGLE *Mayes County, OK, EUA* **130.064m²**

GOOGLE *The Dalles, OR, EUA* **15.236m²**

GOOGLE *Condado de Changhua, Taiwan* **(Desconhecido)**

GOOGLE *Cingapura* **(Desconhecido)**

GOOGLE *Hamina, Finlândia* **(Desconhecido)**

GOOGLE *St. Ghislain, Bélgica* **(Desconhecido)**

GOOGLE *Dublin, Irlanda* **(Desconhecido)**

GOOGLE *Quilicura, Chile* **(Desconhecido)**

A IBM OPERA 7,4MI DE M² DE CENTROS DE DADOS EM 6 CONTINENTES

OUTROS POSSÍVEIS CENTROS DE DADOS DO GOOGLE

Google Mountain View, CA, EUA **(Desconhecido)**

Google Pleasanton, CA, EUA **(Desconhecido)**

Google San Jose, CA, EUA **(Desconhecido)**

Google Los Angeles, CA, EUA **(Desconhecido)**

Google Palo Alto, CA, EUA **(Desconhecido)**

Google Portland, OR, EUA **(Desconhecido)**

Google Atlanta, GA, EUA **(Desconhecido)**

Google Houston, TX, EUA **(Desconhecido)**

Google Toronto, Canadá **(Desconhecido)**

Google Berlim, Alemanha **(Desconhecido)**

Google Frankfurt, Alemanha **(Desconhecido)**

Google Munique, Alemanha **(Desconhecido)**

Google Zurique, Suíça **(Desconhecido)**

Google Groningen, Holanda **(Desconhecido)**

BIBLIOTECAS

MAIORES CENTROS DE DADOS DO MUNDO

CENTROS DE DADOS DO GOOGLE que eles admitem ter

CENTROS DE DADOS DO FACEBOOK

Range Int'l Information Hub Langfang, China **585.289m²**

Switch SuperNAP Las Vegas, NV, EUA **204.870m²**

Data Center NSA Bluffdale, UT, EUA **92.903m²**

350 E Cernak Chicago, IL, EUA **104.300m²**

QTS Metro Data CTR, Atlanta, GA, EUA **91.974m²** (inc. Twitter)

Tulip Data City Bangalore, Índia **83.613m²**

NAP Of The Americas Miami, FL, EUA **69.677m²**

Next Generation Data Newport, País de Gales **69.677m²**

Phoenix One Phoenix, AZ, EUA **66.700m²**

Microsoft Chicago, IL, EUA **65.032m²**

Microsoft Dublin, Irlanda **54.255m²**

DuPont Fabros Elk Grove Village, IL, EUA **45.058m²**

Microsoft Quincy, WA, EUA **43.664m²**

Microsoft San Antonio, TX, EUA **43.664m²**

FACEBOOK *Altoona, IA, EUA* **44.222m²**

FACEBOOK *Prineville, OR, EUA* **28.521m²**

FACEBOOK *Forest City, NC, EUA* **27.871m²**

FACEBOOK *Lulea, Suécia* **27.000m²**

PRINCIPAIS AMEAÇAS A CENTROS DE DADOS

- incêndio
- bomba
- terremoto
- falência
- botnet
- open relay
- tsunami
- negligência
- saque
- hackers
- terrorismo corporativo
- vírus/malware
- ativistas ambientais
- falta de manutenção
- queda de energia
- alta temperatura

google.com, datacenterknowledge.com, equipemicrofix.com, govtech.com, newsroom.fb.com, wikipedia.org

Google Reston, VA, EUA **(Desconhecido)**

Google Virginia Beach, VA, EUA **(Desconhecido)**

Google Tóquio, Japão **(Desconhecido)**

Google Seattle, WA, EUA **(Desconhecido)**

Google Chicago, IL, EUA **(Desconhecido)**

Google Miami, FL, EUA **(Desconhecido)**

Google Ashburn, VA, EUA **(Desconhecido)**

Google Mons, Bélgica **(Desconhecido)**

Google Eemshaven, Holanda **(Desconhecido)**

Google Paris, França **(Desconhecido)**

Google Londres, RU **(Desconhecido)**

Google Milão, Itália **(Desconhecido)**

Google Moscou, Rússia **(Desconhecido)**

Google São Paulo, Brasil **(Desconhecido)**

FORA DO **RADAR**

Se você quiser fugir deste mundo de atenção constante aos dispositivos eletrônicos, do fácil acesso à civilização ou da civilização em si, saiba que não sobraram muitas opções remotas no mundo. Veja os dez lugares menos acessíveis, os menos povoados e os sem cobertura de celular e com pouca eletricidade do mundo.

Locais sem cobertura de telefonia celular

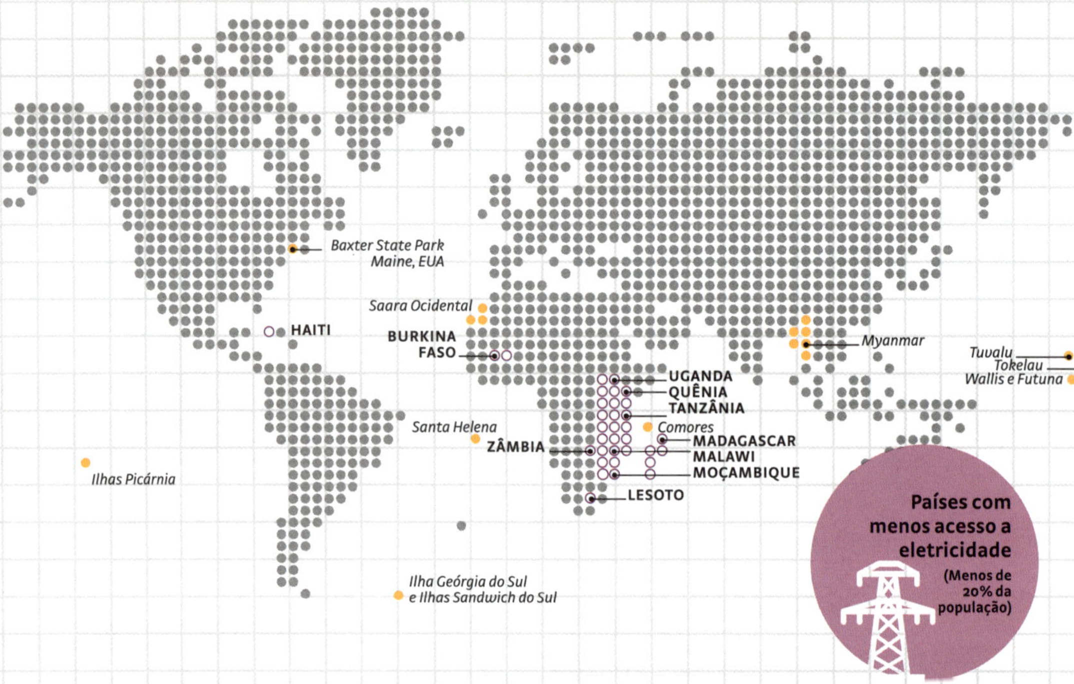

Países com menos acesso a eletricidade (Menos de 20% da população)

PAÍS/LOCALIZAÇÃO	POPULAÇÃO
Ilha Geórgia do Sul e Ilhas Sandwich do Sul	60
Ilhas Picárnia, Pacífico Sul	67
Tokelau, Pacífico Sul	1.400
Santa Helena, Atlântico Sul	4.255
Tuvalu, oceano Pacífico	10.837
Wallis e Futuna, Pacífico Sul	13.484
Baxter State Park, Maine, EUA	63.000
Saara Ocidental, África do Norte	513.000
Comores, oceano Índico	798.000
Myanmar, Sudeste Asiático	61.120.000

PAÍS	% POP. COM ELETRICIDADE	POPULAÇÃO
Tanzânia, África	14,8	44.928.923
Quênia, África	18,1	44.037.656
Uganda, África	8,5	35.873.253
Moçambique, África	15	23.929.708
Madagascar, oceano Índico	17,4	22.005.222
Malawi, África	8,7	16.407.000
Burkina Faso, África Ocidental	14,6	15.730.977
Zâmbia, África Oriental	18,5	14.309.466
Haiti, Caribe	20	9.719.932
Lesoto, Sul da África	17	2.067.000

Locais mais remotos

(Sem aeroporto ou estradas)

PAÍS/LOCALIZAÇÃO	POPULAÇÃO
Ilha da Pirâmide, Quênia (no lago Vitória)	0
Ilha Macquarie, sudoeste do oceano Pacífico	20-40
Ilhas Kerguelen, sul do oceano Índico	50-100 (cientistas)
Ilhas Picárnia, Pacífico Sul	67
Supai, Arizona, EUA	208
Tristão da Cunha, Atlântico Sul	menos de 300
Ittoqqortoormiit, Groenlândia	452
Cond. de Motuo, Pref. de Nyingchi, Tibete	menos de 10.000
Península do Cabo York, Austrália	menos de 18.000

Locais menos povoados da Terra

PAÍS	POPULAÇÃO	ÁREA (KM^2)	DENSIDADE DEMOGRÁFICA (HAB./KM^2)
Canadá	32.805.000	9.976.970	3
Austrália	20.090.400	7.686.850	3
Líbia, África do Norte	5.765.600	1.759.540	3
Mongólia, Ásia Central	2.791.300	1.556.000	2
Namíbia, África Ocidental	2.030.700	825.418	2
Botswana, África	1.640.100	600.370	3
Mauritânia, África do Norte	3.086.900	1.030.700	3
Guiana, América do Sul	765.300	214.970	4
Suriname, América do Sul	438.100	163.270	3
Islândia	296.700	103.000	3

data.worldbank.org, worldtimezone.com, calibryze.com, wikipedia.org, worldatlas.com

PARA O INFINITO... **E ALÉM?**

O próximo grande avanço na ciência da computação vai envolver máquinas capazes de cálculos quânticos. Já existe uma, afirma uma companhia que está vendendo esse dispositivo, e todos a chamam de Máquina do Infinito. Custa US$10 milhões. Veja o que se sabe a respeito dela.

A TEORIA

A sobreposição quântica calcula diferentes resultados simultaneamente, que podem ser opostos e contraditórios: uma coisa nem é nem deixa de ser, e também é e não é ao mesmo tempo.

Gato de Schrödinger

O gato de Schrödinger está fechado numa caixa com um frasco de veneno e um objeto radiativo. Se a radiação romper o frasco, o gato morrerá. Se não fizer isso, ele sobreviverá. Schrödinger afirmou que o gato estava ao mesmo tempo vivo e morto, em sobreposição, até a caixa ser aberta.

O COMPUTADOR

Computadores tradicionais trabalham de modo binário, com unidades que podem ser 1 ou 0

O D-WAVE 2 usa 512 minúsculos circuitos supercondutores conhecidos como "qubits" para realizar cálculos que usam tanto 1 como 0, simultaneamente

Várias respostas possíveis às perguntas são classificadas por otimização

Por ser capaz de realizar várias tarefas ao mesmo tempo, o D-WAVE 2 é infinitamente mais rápido que um computador comum

Num teste comparativo em maio de 2013, um computador D-WAVE 2 de 439 qubits teve um desempenho 3.600 vezes mais rápido do que o computador tradicional mais veloz; encontrou mais de 100 variáveis em 0,5 segundo

FORMATO (HÁ 5 CONSTRUÍDOS)

Uma caixa preta de 3m com uma torre de refrigeração cilíndrica em seu interior

Opera a -273°C, temperatura mais fria que a do espaço cósmico (-272°C) e 0,02°C acima do zero absoluto.

Tem forte blindagem como proteção contra interferências magnéticas

Fica em alto vácuo, a uma pressão 10 bilhões de vezes mais baixa que a atmosférica

Conta com 192 linhas de entrada e saída, e controle da temperatura da sala para o chip

O sistema de refrigeração "A Geladeira" e os servidores consomem 15,5kW de energia (supercomputadores tradicionais consomem 2.335kW)

Fabricante: D-WAVE, fundada em 1999, com sedes em Vancouver, Canadá, Washington, DC e Palo Alto, Califórnia, EUA

ENTRE OS PATROCINADORES ESTÃO

Draper Fisher Jurvetson
Capitalistas de risco que investiram no Skype e nos automóveis Tesla

Jeff Bezos
Fundador da Amazon.com
Q-Tel, braço investidor da CIA

CLIENTES

Lockheed Martin
Fornecedores das forças armadas
Nasa
Google
Universities Space Research Association

VIDA, MORTE E **RIQUEZA**

Qual a relação entre a riqueza de um país e a expectativa de vida e a taxa de mortalidade de seus habitantes? A seguir, as medições do PIB per capita de dez dos países mais significativos do mundo, comparadas com suas taxas de mortalidade infantil e adulta e com a expectativa de vida.

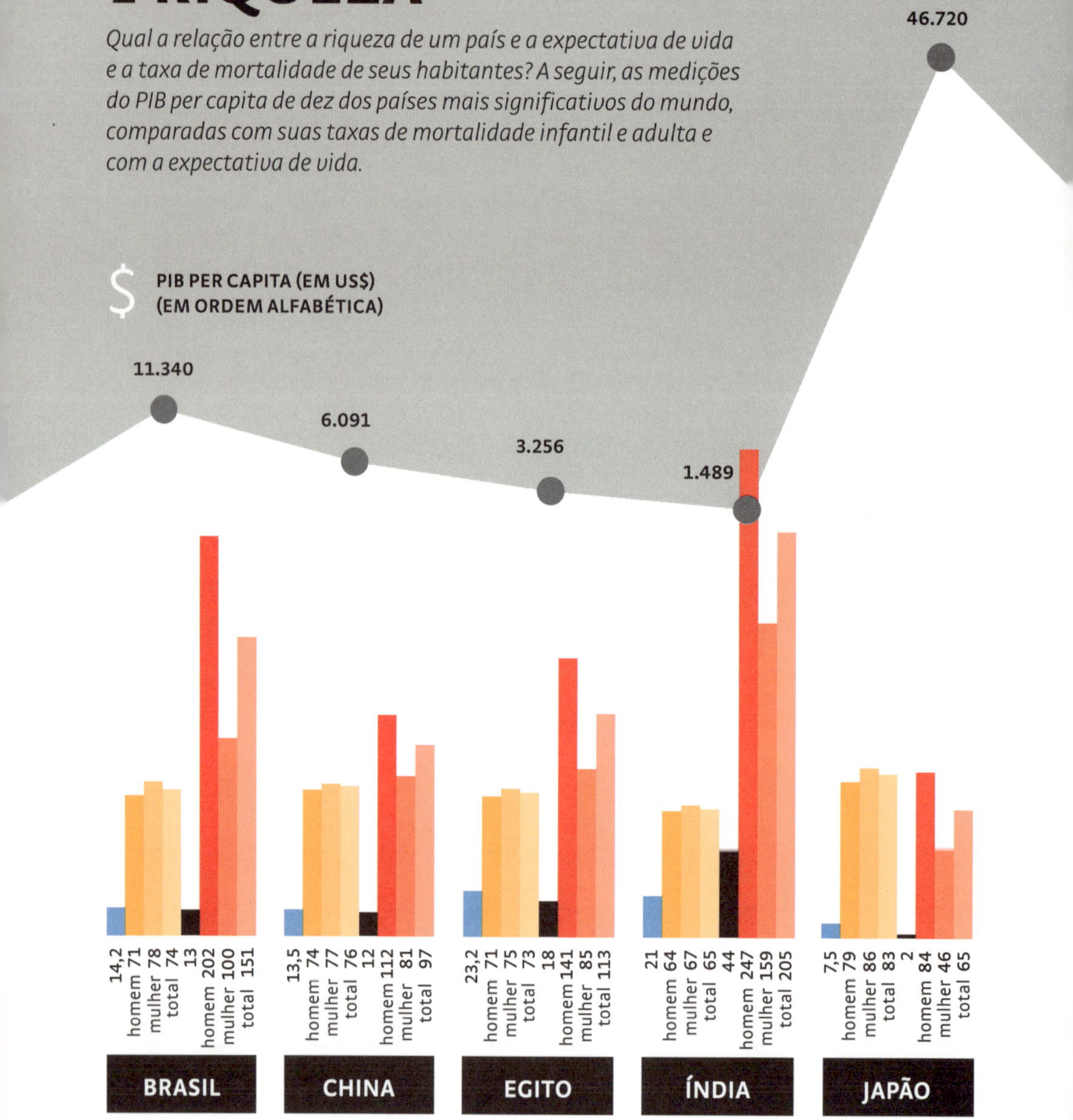

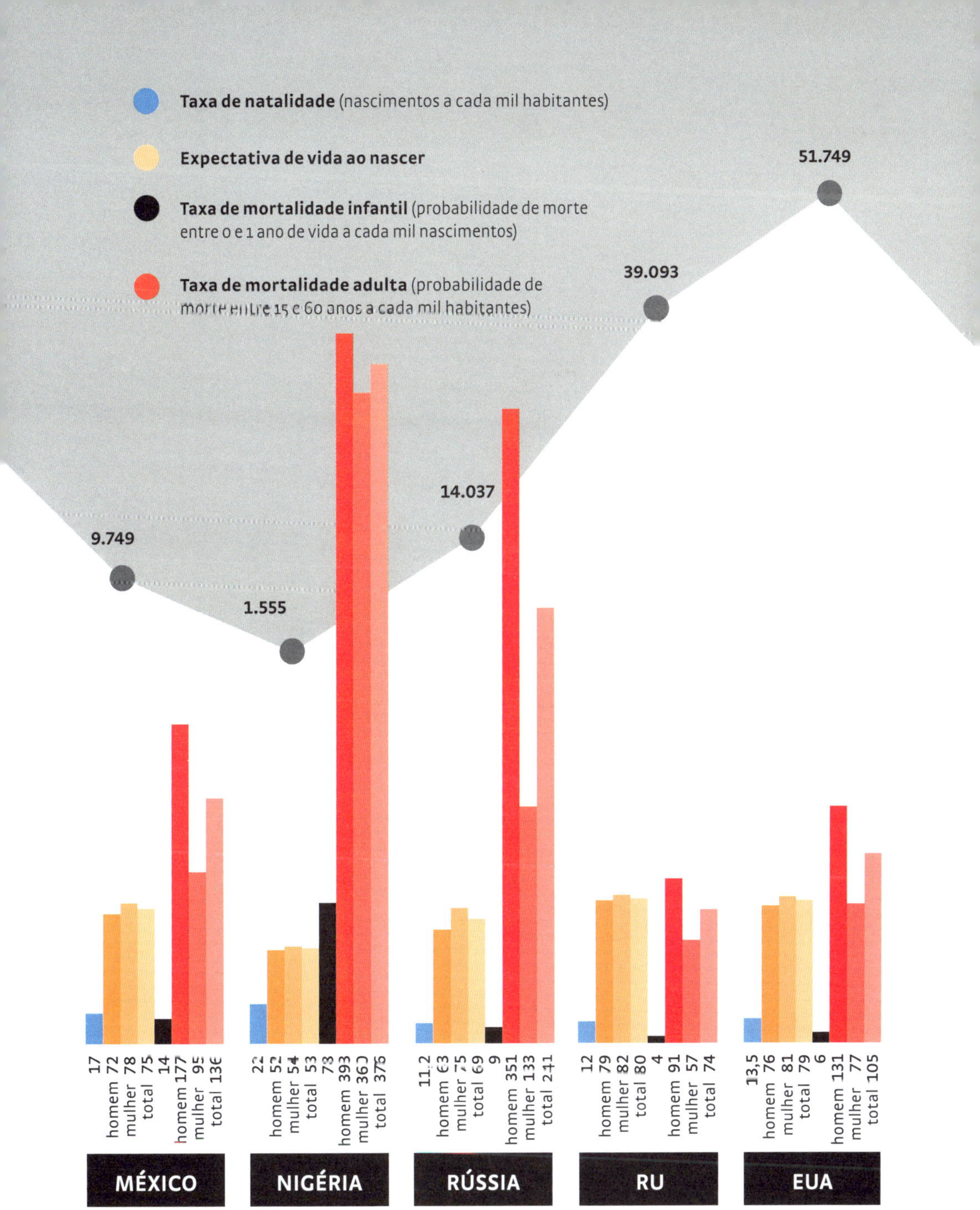

Gapminder/UN Population Division, World Health Organization, data.worldbank.org

DENTRO DO **GRANDE COLISOR DE HÁDRONS**

Os cientistas estão convencidos de que o Grande Colisor de Hádrons lhes vai fornecer detalhes sobre o que aconteceu no momento em que a Terra foi criada. Mas o que é exatamente o LHC (do inglês "Large Hadron Collider")? Eis os principais fatos.

CIRCUNFERÊNCIA: 27km

GRANDE:
o maior e mais potente acelerador de partículas do mundo.

COLISOR:
as partículas compõem dois raios, que viajam em sentidos opostos e colidem em quatro pontos.

HÁDRONS:
acelera prótons ou íons – tipos de hádrons.

- Vel. máxima: até 0,999999991 vezes a velocidade da luz, mais de 11 mil vezes por segundo.
- Colisões por segundo: 600 milhões (estimativa).
- No máximo de energia, os raios de prótons do LHC são poderosos como um trem a 150km/h.
- Temperatura de operação: -271,3°C, mais frio do que o espaço cósmico.
- Usa supercondutores de filamentos de nióbio-titânio de 0,007mm de espessura (10 x mais finos que um fio de cabelo humano), suficientes para se estenderem até o Sol e voltarem mais de cinco vezes.
- Dois nanogramas de hidrogênio são acelerados todo dia. Seriam necessários cerca de 1 milhão de anos para acelerar 1 grama de hidrogênio.
- A pressão nos tubos de raio é aproximadamente dez vezes mais baixa do que na Lua.
- O detector CMS (Compact Muon Solenoid) usa um imenso ímã solenoide para curvar os caminhos das partículas que colidem no LHC.
- Os ímãs do CMS contêm mais ferro do que a Torre Eiffel – cerca de 10 mil toneladas.
- Os principais experimentos no LHC produzem anualmente dados suficientes para preencher cerca de 100 mil DVDs.

PROFUNDIDADE: 175m-50m

TRÂNSITO COMPLICADO

Se você já rodou uma distância mínima em qualquer rodovia movimentada, sabe que às vezes o trânsito para; é preciso desacelerar e andar bem devagar por um tempo, para depois retomar a velocidade normal. Mas aí você dirige alguns quilômetros e não vê nenhum acidente ou sinal de algo que possa ter causado o congestionamento lá atrás. Provavelmente o que aconteceu foi o seguinte:

1 Dois carros rodam à velocidade constante de 110km/h, um atrás do outro, quando o da frente freia de repente

O segundo carro desacelera para 95km/h

2 Carros que estão 400m atrás dos carros da frente desaceleram para 70km/h

3 Carros atrás dessa segunda leva (800m da primeira) desaceleram para 30km/h ao verem as luzes de freio a distância

4 Carros da quarta leva (2,2km atrás da primeira) desaceleram bruscamente diante do aparente congestionamento à frente, para 25km/h

5 Os carros da primeira leva retomam a velocidade de 110km/h

6 Carros até 3,2km atrás da segunda leva continuam a passo de tartaruga (8km/h) no congestionamento, até as levas da frente recuperarem a velocidade normal

FELIZ **ACASO**

Às vezes as coisas não correm conforme o planejado, mesmo entre profissionais. E alguns acidentes que acontecem com cientistas e doutores acabam apresentando um desfecho mais satisfatório do que se o experimento original não tivesse dado "errado". Aqui estão alguns dos "acidentes felizes" e das descobertas feitas "por acaso" que mudaram o mundo em que vivemos.

ANTIBIÓTICOS DE PENICILINA

Sir Alexander Fleming, ***1928***
Enquanto as estudava, descartou um prato com bactérias numa pia, e isso criou um bolor que as matou.

Protetor de tecidos Scotchgard: Patsy Sherman, *1952*
Sherman trabalhava com uma borracha artificial quando derramou sem querer uma substância química em seu tênis e percebeu que a partir disso ele não acumulou mais sujeira.

Marca-passo cardíaco: Wilson Greatbatch, *1956*
Enquanto caminhava com um monitor cardíaco, plugou o transístor errado numa máquina e ouviu o som da batida do coração.

Fecho de velcro: Georges de Mestral, *1948*
Passeando com seu cachorro, perguntou-se por que as sementes grudavam tão firmemente na pelagem do cão.

Superadesivo: Harry Coover, *1951*
Trabalhando na capota do habitáculo de um jato, acrescentou cianoacrilato a um polímero plástico e viu que ele se tornava extremamente grudento.

Ondamania: Richard James, *1943*
Ao trabalhar num monitor de força, deixou cair no chão uma mola helicoidal e viu que ela se movia lentamente pelo local.

Cobertura Teflon não aderente: Roy Plunkett, *1938*
Enquanto testava refrigeradores, o gás de uma geladeira experimental fez com que o interior das tubulações de gás perdesse aderência.

Refletores olho de gato: Percy Shaw, *1934*
Uma noite, voltando para casa, conseguiu dirigir na neblina intensa seguindo o reflexo de seus faróis nos trilhos do bonde.

Plástico baquelite: Leo Baekeland, *1907*
Pesquisando isolamento, testou uma mistura experimental que era maleável mas ficava dura ao secar.

Vidro de segurança: Édouard Bénédictus, *1903*
Deixou cair uma proveta cheia de resina plástica e viu que os estilhaços continuavam unidos.

Câmera de raios X: Wilhelm Röntgen, *1895*
Trabalhando num tubo de raios catódicos, eletrificou um tubo e viu um biombo próximo brilhar no escuro.

Vaselina: Robert Chesebrough, *1872*
Quando trabalhava com resíduos de petróleo, viu petroleiros usando os resíduos oleosos dos poços para tratar queimaduras.

Explosivo de dinamite: Alfred Nobel, *1867*
Enquanto fazia seus estudos com nitroglicerina, notou que um pouco dela vazou do recipiente e se misturou ao pó do solo, tornando-se, então, estável.

Pigmento têxtil roxo: Sir William Perkin, *1856*
Manipulando quinina artificial, experimentou misturá-la com resíduos de alcatrão, e isso produziu uma cor roxa.

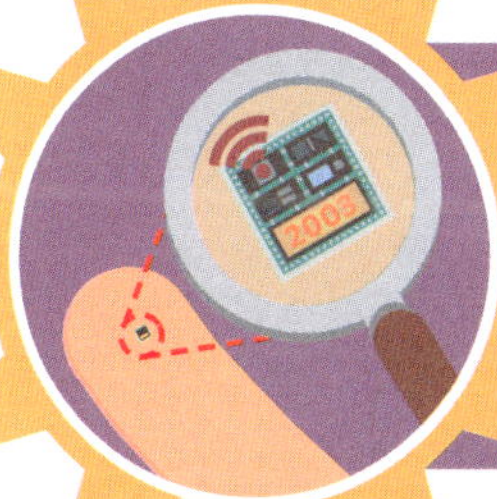

SENSORES DE POEIRA INTELIGENTE

Jamie Link, *2003*
Durante seu trabalho com semicondutores, um chip de silício se partiu e ela percebeu que as peças individuais ainda funcionavam.

NOTAS POST-IT

Spencer Silver, *1968*
Apesar de pretender inventar uma cola forte, acabou produzindo uma cola que não secava e que um colega usou para manter um marcador de livros grudado na página.

FORNO MICRO-ONDAS

Percy Spencer, *1945*
Enquanto trabalhava em um dispositivo de radar, ficou diante deste e sentiu que sua barra de chocolate derretia no bolso.

COCA-COLA

John Pemberton, *1886*
Trabalhando com anestésicos, acrescentou acidentalmente água gasosa a um composto de ervas para curar dor de cabeça.

ANESTESIA

Dr. Horace Wells, *1846*
Dentista de profissão, viu em um espetáculo de palco alguém usando óxido nitroso (gás hilariante).

SOBE E **DESCE**

O que seria de Manhattan ou de Tóquio sem o elevador? A vida nos grandes edifícios requer ascensores de funcionamento confiável, e no século XXI a maioria é assim. Mas como esta linha do tempo mostra, foram necessários mais de 2 mil anos para se chegar à situação atual.

Elevador mais inclinado

Luxor Hotel, Las Vegas, Nevada, EUA

ângulo de 39°

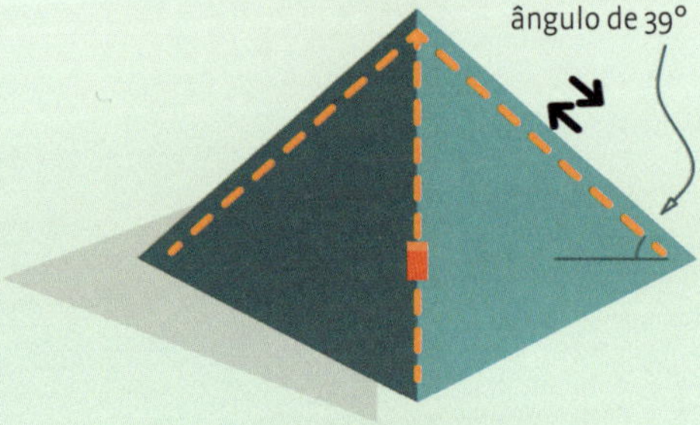

236 a.C. Arquimedes constrói o primeiro elevador

1743 A "Cadeira Voadora" é instalada no Palácio de Versailles, na França

1823 Os arquitetos Burton e Hormer constroem o "quarto ascendente" em Londres

1835 Os inventores britânicos Frost e Stütt demonstram o elevador a vapor

1845 Sir William Armstrong cria a grua hidráulica em Newcastle, Inglaterra

1850 Henry Waterman, de Nova York, inventa um sistema de cordas para controlar elevadores

1851 A George Fox & Co., de Boston, Mass., desenvolve uma cremalheira autoblocante

1853 Primeiro edifício projetado que incluiu um poço de elevador, em Nova York

1854 Elisha Otis demonstra o primeiro "elevador de segurança" na Feira Mundial de Nova York

1857 A Otis Elevator Company instala o primeiro elevador de passageiros em uma loja de departamentos de Nova York

1867 Léon Edoux demonstra o primeiro elevador de passageiros movido a pressão hidráulica

1869 William E. Hale introduz em Chicago o Elevador por Equilíbrio Hídrico

1870 O edifício mais alto de Nova York (nove andares) tem os primeiros elevadores projetados por arquitetos para uso de passageiros

1878 A Siemens da Alemanha constrói o primeiro elevador elétrico

1889 A Otis Elevator Company instala numa loja de departamentos de Nova York o primeiro elevador por engrenagem movido a corrente contínua, que depois passa a operar com corrente alternada

1924 A Otis Elevator Company instala o primeiro sistema de chamada automática por botão

1929 O sistema de abertura automática da porta é patenteado

1932 O Empire State Building, de Nova York, incorpora elevadores que transitam a 304m/min

1945 Maior queda de elevador com sobrevivente; Betty Lou Oliver caiu 75 andares do Empire State Building

1999 Primeiro elevador pneumático a vácuo

Elevadores mais rápidos e altos

Burj Khalifa, Dubai, Emirados Árabes

Velocidade de 10m/s
Altura máxima de mais de 800m

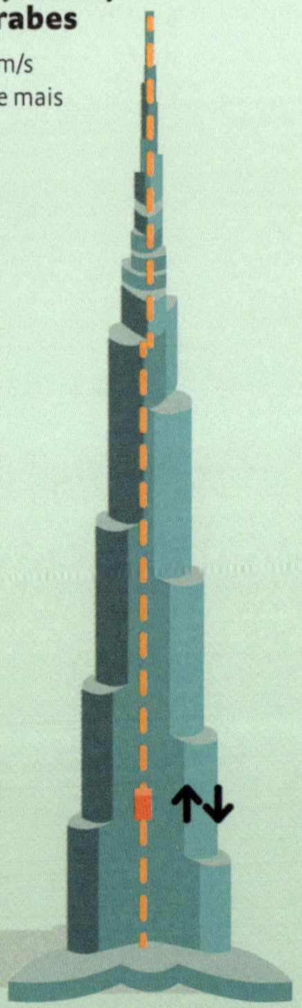

Mais alto elevador panorâmico

Elevador Bailong, Zhangjiajie, China

Ergue-se por 305m junto a um penhasco

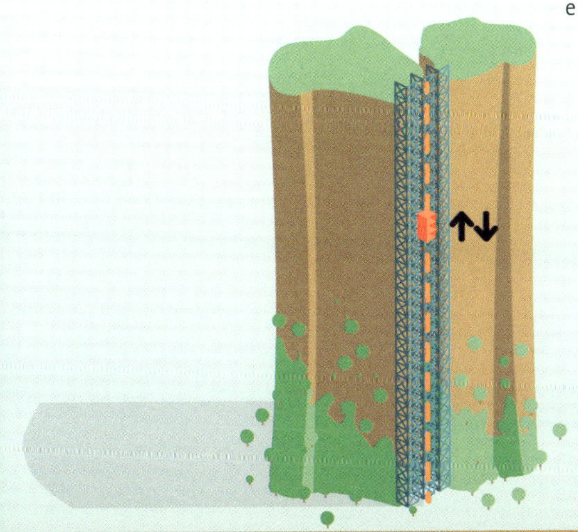

Maior elevador

Edifício Umeda Hankyu, Osaka, Japão

Cinco cabines com 3,4m x 2,8m x 2,6m (LxCxA) e capacidade para 80 pessoas

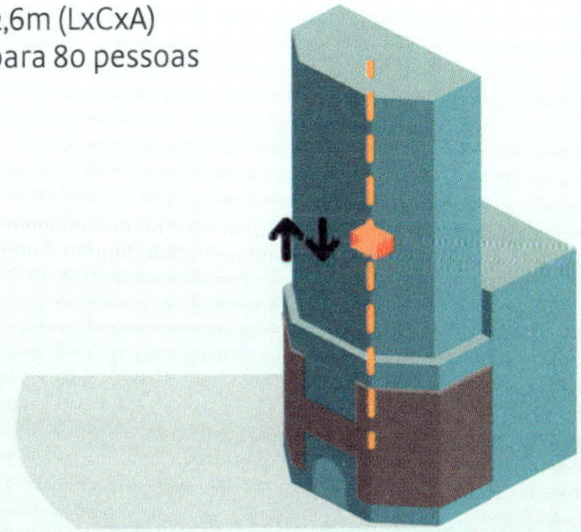

Elevador mais profundo

Mina Mponeng, Orange, África do Sul

3.073m, dos quais 1.200m abaixo do nível do mar

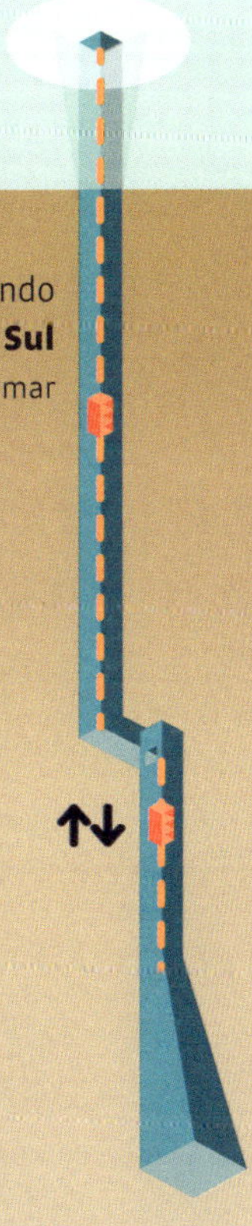

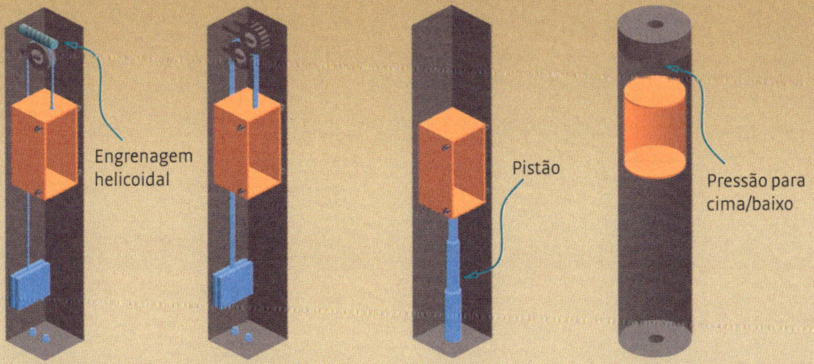

Tradicional: motor elétrico CC ou AC, engrenagem helicoidal controla cabo de aço

Tração direta: motor elétrico CC ou AC alimenta engrenagem conectada a barra dentada, dentro do poço do elevador

Hidráulico: Pressão de água ou óleo controla haste de pistão

Vácuo pneumático: Cabo dentro de um tubo, ao despressurizar o alto do tubo suga a cabine para cima, e ao voltar a pressurizá-lo faz a cabine descer

theelevatormuseum.org, wikipedia.org

QUALIFICADO PARA GOVERNAR UM PAÍS?

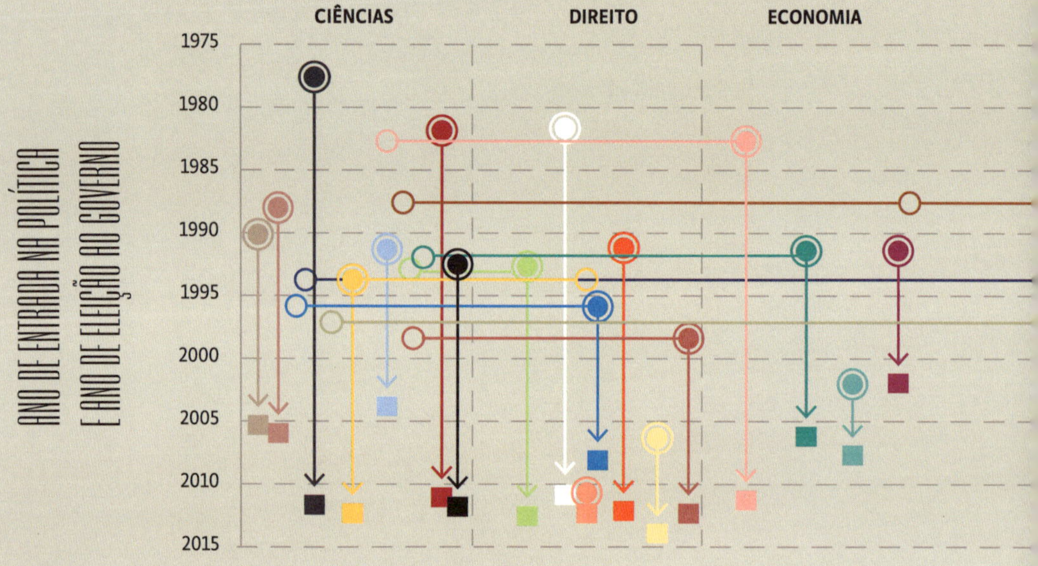

OCUPAÇÕES ANTES DA POLÍTICA

AUSTRÁLIA: Tony Abbott n. 1957	Seminarista católico, jornalista, gerente de negócios
ÁUSTRIA: Werner Faymann n. 1960	Consultor do banco central, presidente provincial do Conselho de Moradores de Viena
BRASIL: Dilma Rousseff n. 1947	Administradora política
CANADÁ: Stephen Harper n. 1959	Assistente de membro do parlamento
CHINA: Li Keqiang n. 1955	Secretário da Liga da Juventude Comunista da Universidade de Pequim
DINAMARCA: Helle Thorning-Schmidt n. 1966	Nenhuma ocupação
FINLÂNDIA: Jyrki Katainen n. 1971	Professor
FRANÇA: François Hollande n. 1954	Conselheiro econômico da presidência
GEÓRGIA: Irakli Garibashvili n. 1982	Diretor de instituição de caridade, membro do conselho de um banco, diretor de uma gravadora
ALEMANHA: Angela Merkel n. 1954	Química pesquisadora
GRÉCIA: Antonis Samaras n. 1951	Nenhuma ocupação
GROENLÂNDIA: Aleqa Hammond n. 1965	Guia de turismo, coordenadora regional, comissária do Conselho Circumpolar Inuit
ÍNDIA: Manmohan Singh n. 1932	Administrador da ONU, conselheiro governamental
IRAQUE: Nouri al-Maliki n. 1950	Professor, editor de jornal

* Dados de 2015.

Que qualificações você precisa ter para se tornar o dirigente político de um país? Examinando as formações educacionais e a experiência de trabalho pré-política de 30 líderes eleitos de grandes potências econômicas vemos uma nítida tendência para determinadas áreas.*

○ Escolaridade/Área de estudo
● Ano de entrada na política
■ Ano de eleição ao governo

ESCOLARIDADE/ÁREA DE ESTUDO

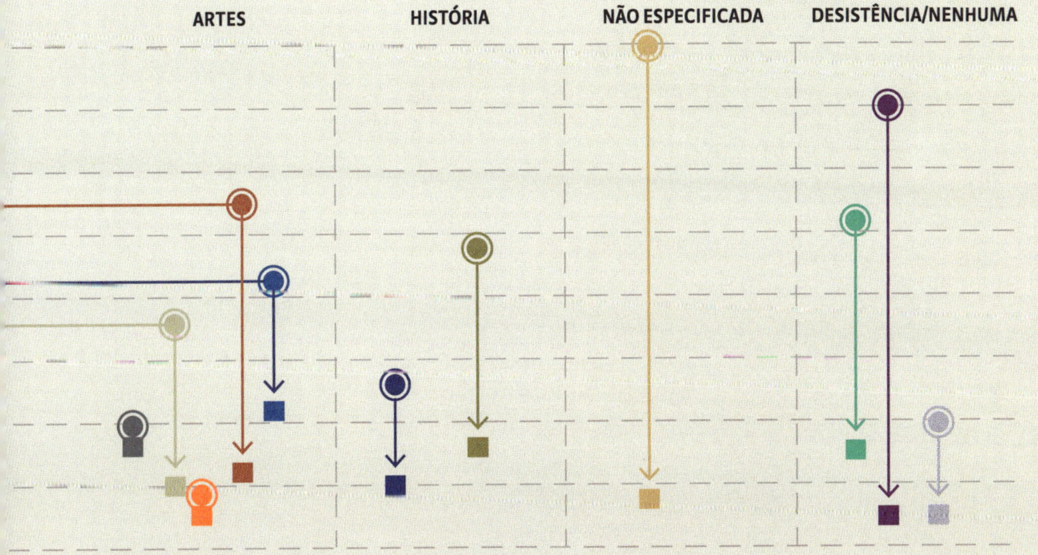

IRLANDA: Enda Kenny n. 1951	Professor de escola primária
ISRAEL: Benjamin Netanyahu n. 1949	Capitão do exército, consultor de administração, diretor de ONG, diretor de marketing, embaixador de Israel
ITÁLIA: Matteo Renzi n. 1975	Secretário provincial do Partido do Povo Italiano
JAPÃO: Shinzo Abe n. 1954	Executivo da Kobe Steel, assistente do ministro das Relações Exteriores, secretário de chefes do partido político
COREIA DO NORTE: Pak Pong-ju n. 1939	Gerente de uma empresa do ramo alimentício
COREIA DO SUL: Jung Hong-won n. 1944	Procurador legal
LUXEMBURGO: Xavier Bettel n. 1973	Apresentador de programa de TV, advogado
HOLANDA: Mark Rutte n. 1967	Gerente de RH da Unilever e da Calvé, diretor de RH do IgloMora Groep (Unilever)
NOVA ZELÂNDIA: John Key n. 1961	Auditor, gerente de projeto de uma fábrica, dealer de moeda estrangeira
POLÔNIA: Donald Tusk n. 1957	Jornalista
RÚSSIA: Vladimir Putin n. 1952	Oficial da KGB, funcionário do ministério das Relações Exteriores, prefeito de Leningrado
ESPANHA: Mariano Rajoy n. 1955	Funcionário público
SUÉCIA: Fredrik Reinfeldt n. 1965	Secretário do Conselho Municipal de Estocolmo
TURQUIA: Recep Tayyip Erdogan n. 1954	Jogador de futebol semiprofissional, prefeito de Istambul
REINO UNIDO: David Cameron n. 1966	Diretor de assuntos corporativos de emissora de TV, conselheiro especial dos políticos conservadores
EUA: Barack Obama n. 1961	Administrador do Grupo de Pesquisa de Interesses Públicos de Nova York, diretor do Projeto de Desenvolvimento de Comunidades de Chicago, presidente do Harvard Law Review, palestrante sênior da Faculdade de Direito da Universidade de Chicago, advogado associado, conselheiro legal

wikipedia.org

MUNDO DOS **DINOSSAUROS**

Quando os dinossauros habitavam a Terra, por onde vagavam? Bem, sabemos os locais em que pereceram, pois nosso conhecimento dos tipos de dinossauro vem justamente das escavações arqueológicas feitas em vários sítios do mundo. Veja onde os vinte esqueletos de dinossauros mais dominantes e excitantes foram encontrados.

1 Tanzânia
2 Portugal
3 Uruguai
4 Argentina
5 Madagascar
6 Alemanha
7 Namíbia
8 Zimbábue
9 NE da China
10 Chile
11 Sul da Índia
12 Rússia
13 Norte da África
14 África do Sul
15 Canadá
16 Reino Unido
17 Bélgica
18 Mongólia
19 Austrália
20 Antártida
21 EUA

● Carnívoro ● Herbívoro ⟼ Comprimento I Altura

Data (milhões de anos atrás)

	Megalossauro	Eoráptor	Hadrossauro	Diplodoco	Velociraptor
Dieta	Carnívoro	Carnívoro	Herbívoro	Herbívoro	Carnívoro
Data	(181-169 milhões de anos atrás)	(228)	(80-79)	(155-145)	(85-80)
Local	16	4	21[1]	21[2]	9 12 18
⟼	9m	1m	10m	27m	2m
I	3m	30cm	3m	5m	1m

	Tiranossauro Rex	Estegossauro	Majungassauro	Mutaburrassauro	Braquiossauro
Dieta	Carnívoro	Herbívoro	Carnívoro	Herbívoro	Herbívoro
Data	(85-60)	(155-150)	(70-66)	(113-97)	(156-145)
Local	15 18 21[3]	5 21[4]	5	19[5]	1 2 21[6]
⟼	12m	9m	7m	7m	26m
I	6m	3m	4m	3m	16m

[1]New Jersey [2]Colorado, Montana, Utah, Wyoming [3]Montana, Texas, Utah, Wyoming, Novo México [4]Colorado, Utah, Wyoming [5]Queensland [6]Colorado

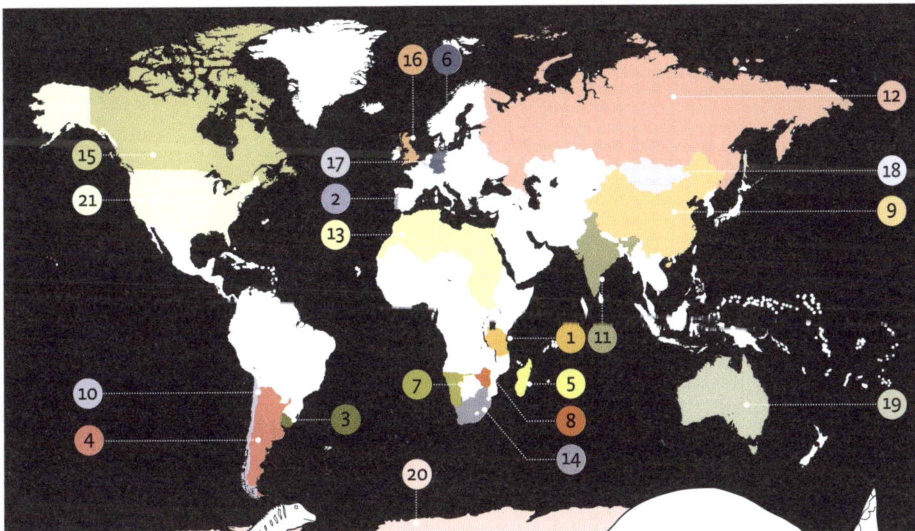

Antarctossauro (80-65)
3 4 10
⟼19m
I 7m

Sinosauropteryx (135-121)
9
⟼1,25m
I 29cm

Antarctopelta (99-94)
20
⟼4m
I 2m

Iguanodonte (140-110)
6 13 16 21 17
⟼8m
I 2,7m

Tricerátopo (67-65)
15 21 (Oeste)
⟼2m
I 9m

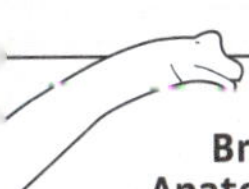

Brontossauro/ Apatossauro (154-145)
21[7]
⟼27m
I 4,6m

Pteranodonte/ Pterodáctilo (85-75)
16 21[8]
⟼10m
I 1,8m

Alossauro (150-140)
1 2 19 21[9]
⟼12m
I 3m

Massospondylus (208-204)
8 7 14 21[10]
⟼1,8m
I 4m

Anquilossauro (74-67)
15 21[11]
⟼10,6m
I 1,2m

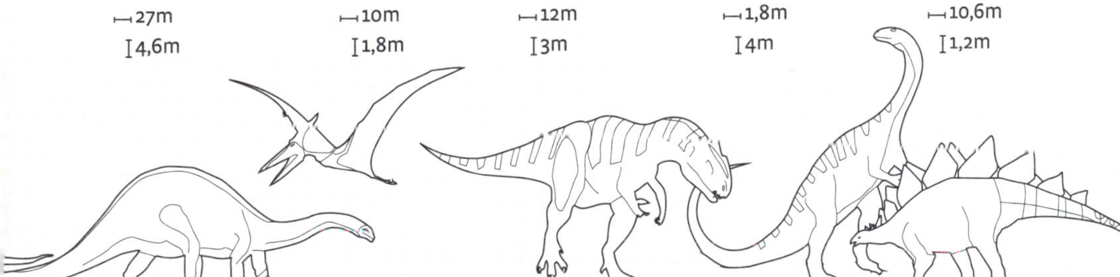

[7] Colorado, Oklahoma, Utah, Wyoming [8] Kansas [9] Colorado, Montana, Novo México, Oklahoma, Dakota do Sul, Utah, Wyoming [10] Arizona [11] Montana

enchantedlearning.com, about.com, wikipedia.org

ESCARGOT OU **CHOCOLATE?**

Muitas nações costumam definir seus vizinhos por seus paladares peculiares para comida, seja esta carne, queijos ou moluscos. Mas de chocolate todo mundo gosta. Comparando o consumo per capita do prato nacional de quinze países com seu consumo de chocolate, vemos o quanto somos diferentes (apesar de tão parecidos).

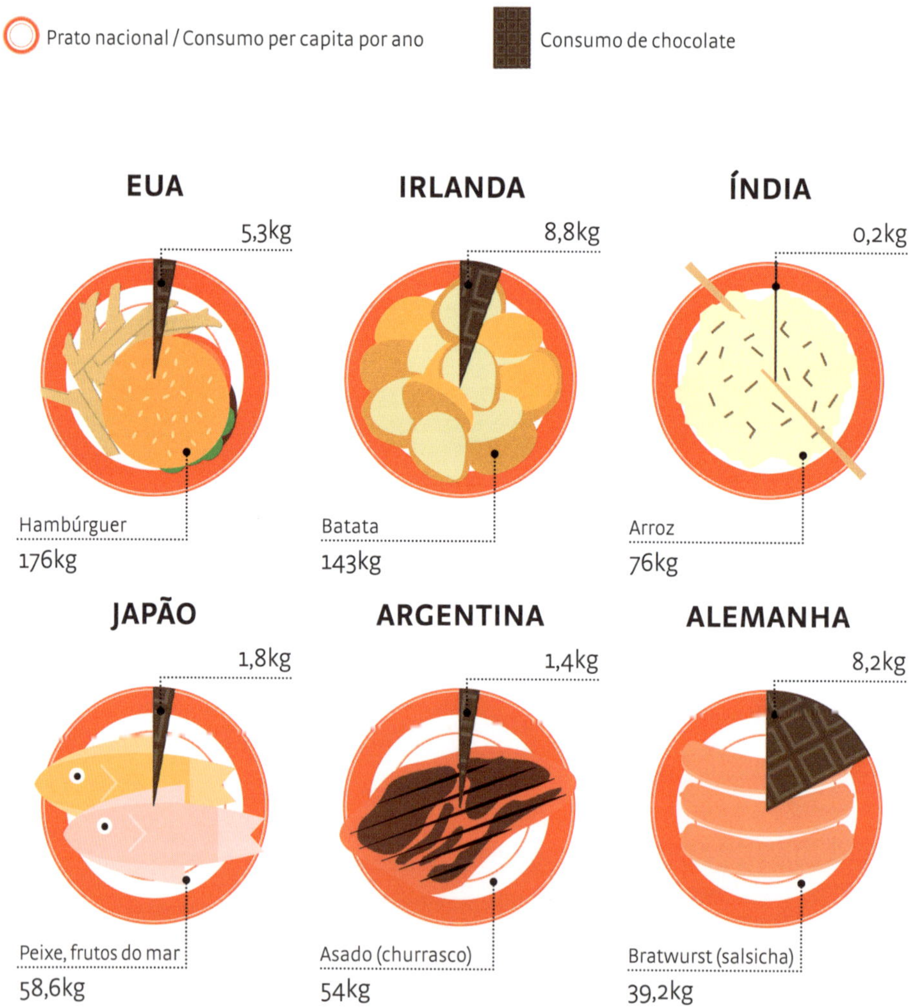

euters.com, bbc.co.uk, internationalpasta.org, economist.com, indexmundi.com, thepigsite.com, pigprogress.net, imv.vu.nl, web-japan.org, the poultrysite.com, meattradenewsdaily.co.uk

TODOS OS QUE JÁ VIVERAM

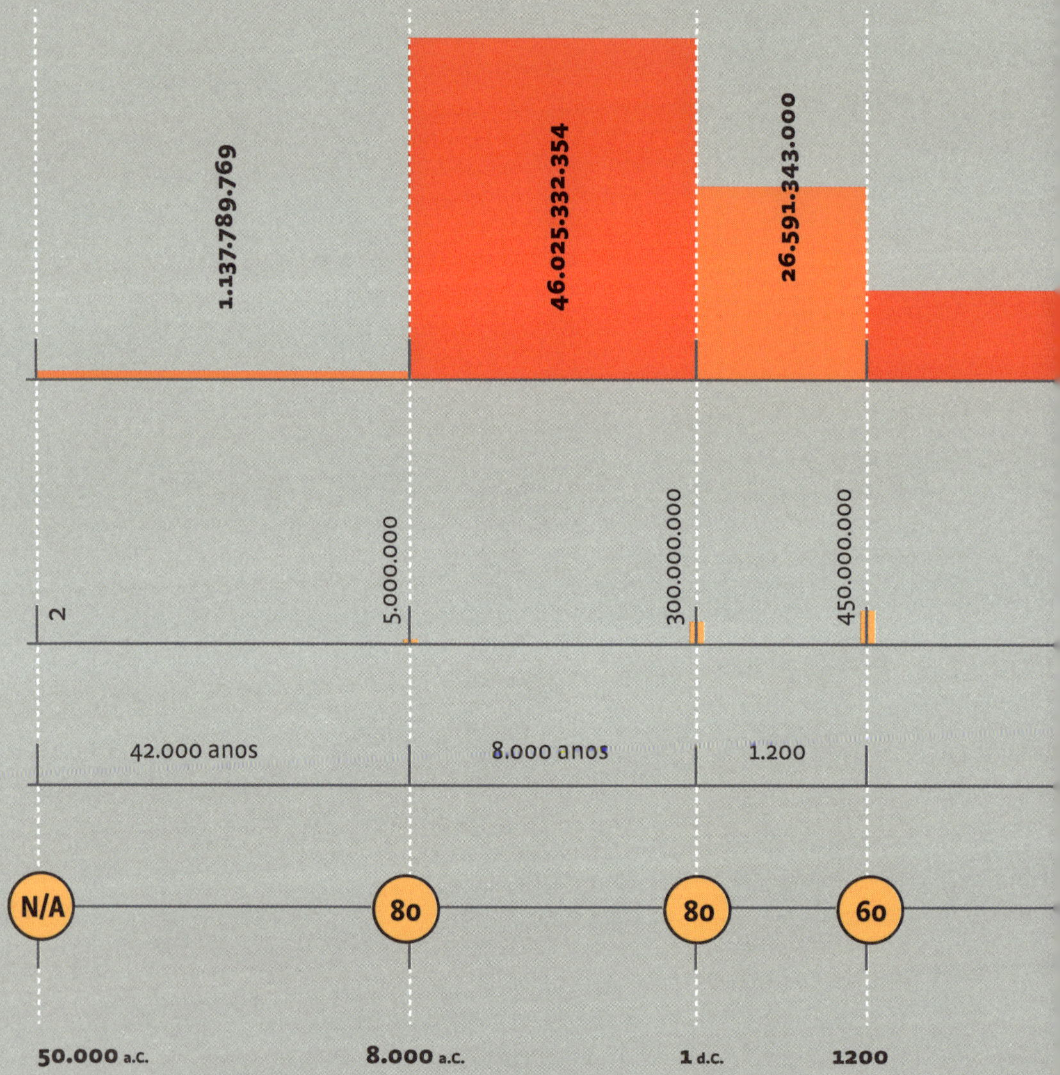

Calcular quantas pessoas já viveram desde que os primeiros humanos surgiram é uma tarefa difícil, mas a Agência de Referência Populacional dos EUA vem fazendo boas projeções a respeito. Levando em conta a expectativa de vida nas diferentes eras, as pragas, as guerras, a dieta precária e a falta de cuidados com a saúde, a agência avalia que a Terra recebeu mais de 107 bilhões de pessoas desde 50000 a.C.

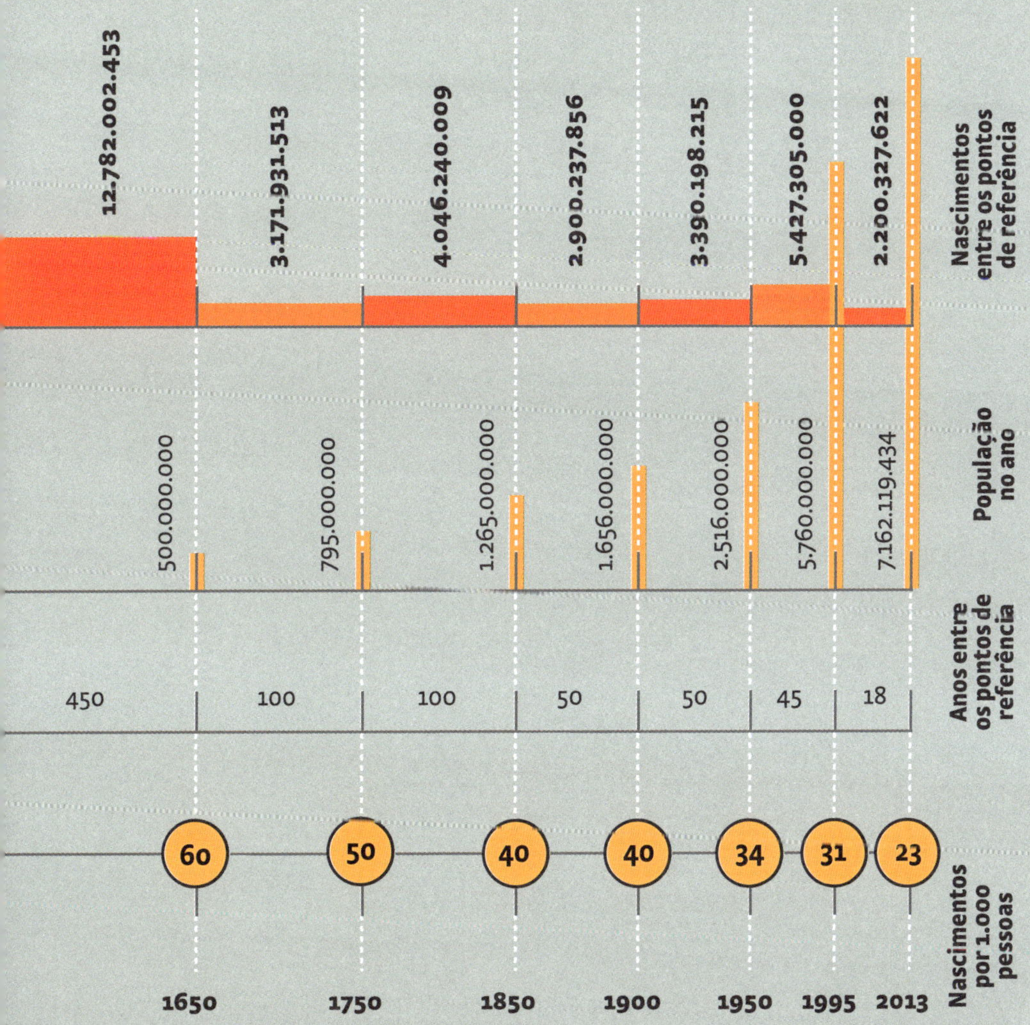

LEVANDO A VOYAGER NO **BOLSO**

Quando a sonda espacial Voyager foi lançada em 1977 para explorar os planetas gigantes e o Sistema Solar exterior, alardeou-se que era equipada com os sistemas de computação mais avançados já construídos. Hoje, muitos de nós levamos no bolso um poder computacional maior do que o da Voyager. O iPhone 5 da Apple é 500 vezes mais rápido do que a Voyager e processa 14 bilhões de instruções por segundo. Veja outros dispositivos da tecnologia cotidiana e seus níveis de potência.

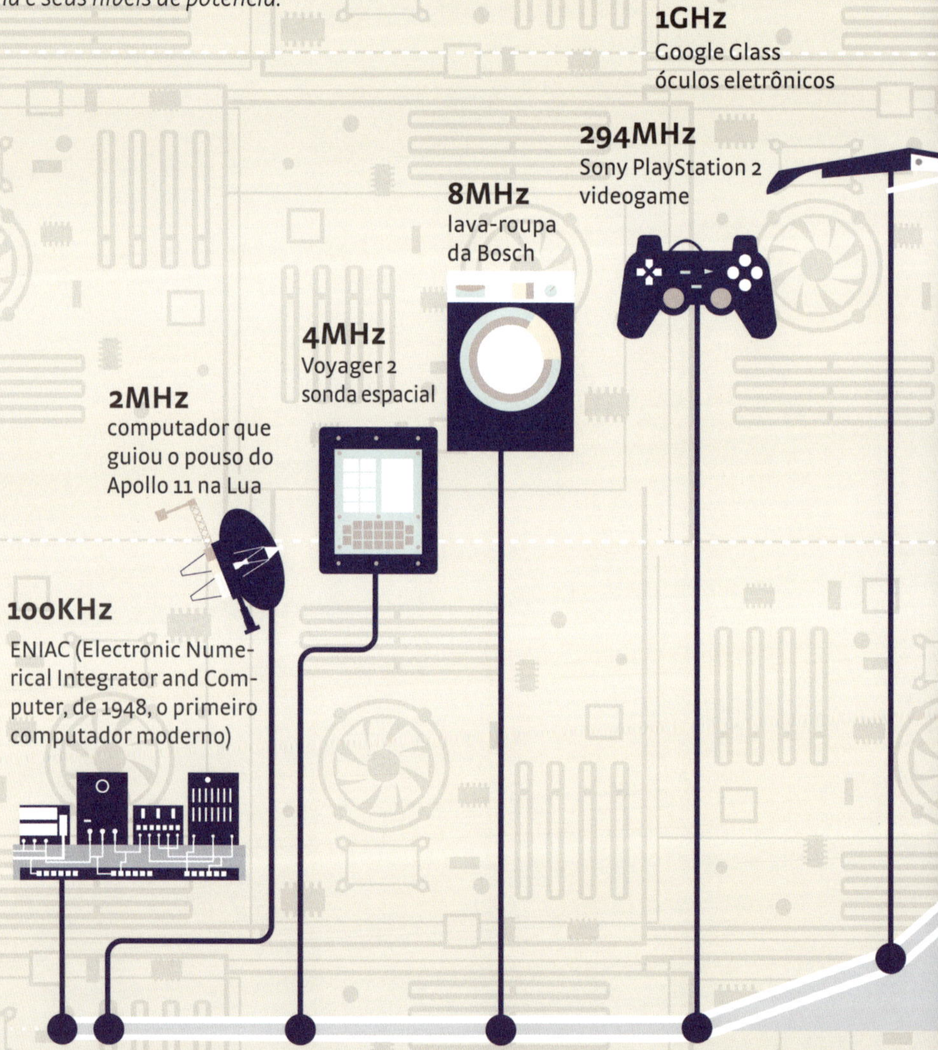

TABELA DE CONVERSÃO

1 ciclo por segundo (CPS) = 1 Hertz (Hz)

1.000 Hertz (Hz) = 1 quilohertz (KHz)

1.000 KHz = 1 megahertz (MHz)

1.000 MHz = 1 gigahertz (GHz)

1 petaflop = 1 bilhão de operações de ponto flutuante por segundo (não há conversão entre petaflops e Hz)

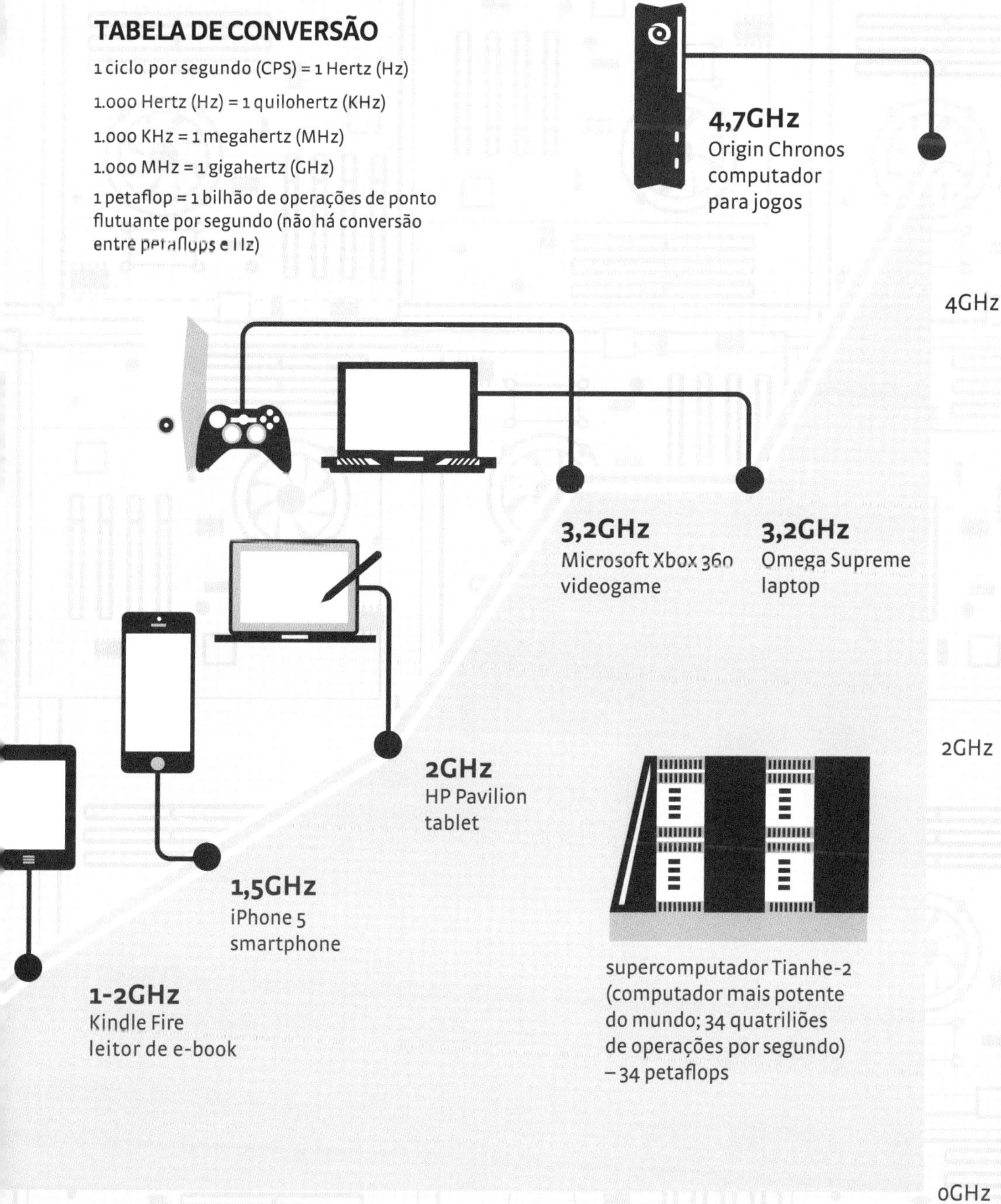

NAS **FRONTEIRAS** DO **MUNDO**

Quando os primeiros turistas espaciais começarem sua viagem, vão atravessar os seguintes estágios da atmosfera terrestre.

DISTÂNCIA DA TERRA

53km

A altitude alcançada pela sonda meteorológica mais alta.

18km

Sem roupa pressurizada, o sangue ferve a essa altitude.

13km

As nuvens mais altas (e o clima) ficam bem abaixo; tudo é um sol brilhante.

21km

Essa é a altitude máxima de um avião espião U2; 95% da atmosfera, em volume, fica abaixo; o céu acima é preto. Percebe-se a curvatura da terra e a atmosfera é visível no horizonte como uma fina camada de branco, azul-claro e azul-escuro.

11km

Aviões comerciais voam a essa altitude (bem acima do monte Everest, que tem 8,9km).

3,5km

Aqui, mesmo quem está habituado com altas altitudes respira com esforço. O céu é azul devido às moléculas de gases e outras partículas no ar, que propagam a luz do sol; comprimentos de onda de azul-claro são mais curtos (menores) que os de outras cores e se espalham mais.

6,5km

O ar é tão rarefeito que você precisa de uma cabine pressurizada ou de uma máscara de oxigênio. Gotas de água no céu distorcem a luz do sol, de modo que seus comprimentos de onda se propagam e revelam o espectro de cores – ou um arco-íris. É um efeito óptico, por isso não tem início nem fim.

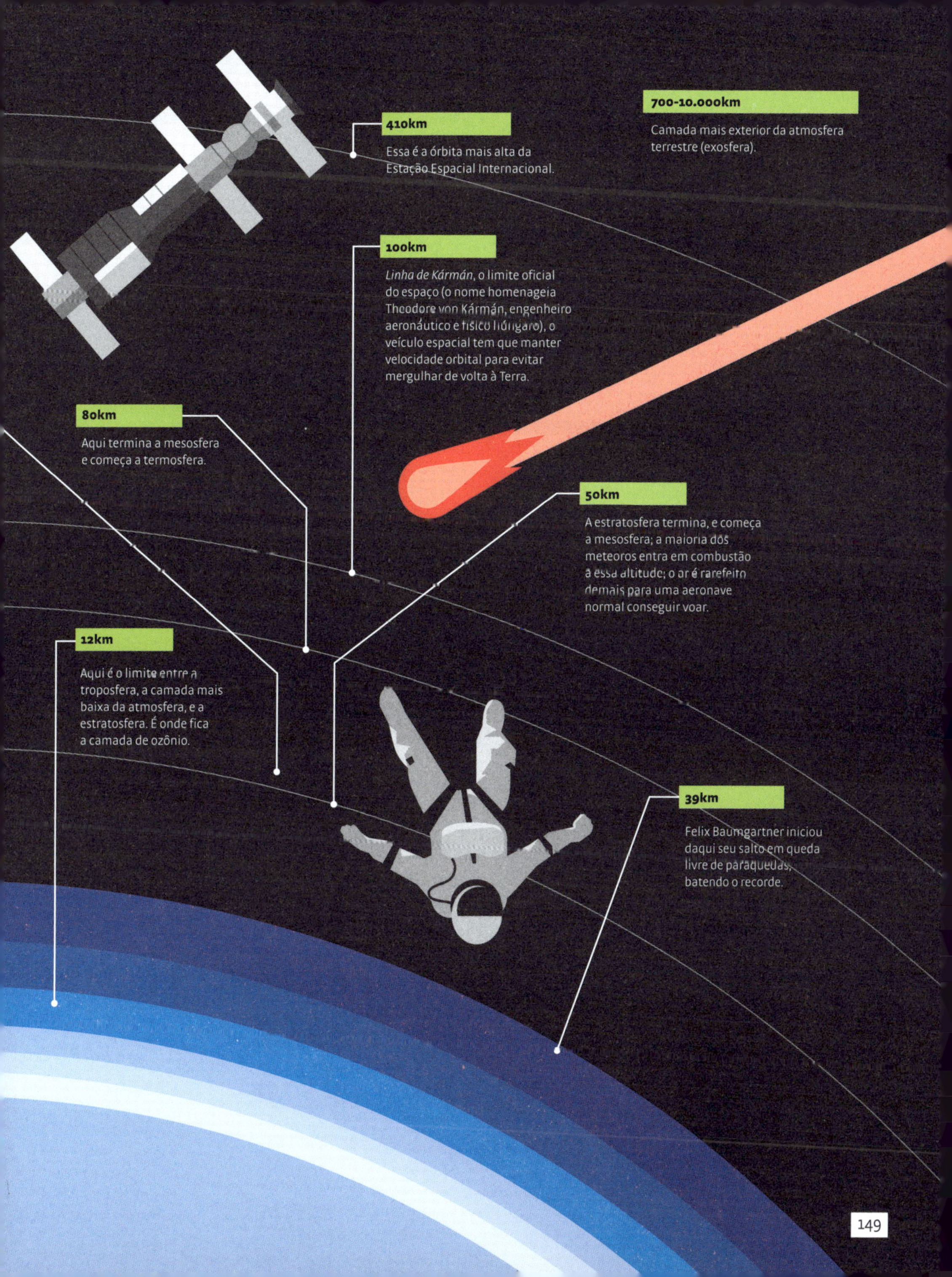
700-10.000km
Camada mais exterior da atmosfera terrestre (exosfera).
410km
Essa é a órbita mais alta da Estação Espacial Internacional.
100km
Linha de Kármán, o limite oficial do espaço (o nome homenageia Theodore von Kármán, engenheiro aeronáutico e físico húngaro), o veículo espacial tem que manter velocidade orbital para evitar mergulhar de volta à Terra.
80km
Aqui termina a mesosfera e começa a termosfera.
50km
A estratosfera termina, e começa a mesosfera; a maioria dos meteoros entra em combustão a essa altitude; o ar é rarefeito demais para uma aeronave normal conseguir voar.
12km
Aqui é o limite entre a troposfera, a camada mais baixa da atmosfera, e a estratosfera. É onde fica a camada de ozônio.
39km
Felix Baumgartner iniciou daqui seu salto em queda livre de paraquedas, batendo o recorde.

O AR QUE EU **RESPIRO**

A poluição do ar é medida pelo número de partículas em suspensão menores que 10 micrômetros (μm) de diâmetro por metro cúbico de ar, as chamadas PM10. Uma incidência de PM10 superior a 35 causa distúrbios respiratórios em grupos sensíveis. Acima de 42, afeta o sistema respiratório de todos. Leituras de 47 ou superiores provocam problemas gerais de saúde, e, acima de 65, são ameaça à vida. Ao que parece, Nova York tem um ar bem mais limpo do que Londres e Milão.

=PM10S

POLUIÇÃO POR CIDADE

Nova Déli, Índia	198
Islamabad, Paquistão	189
Daca, Bangladesh	134
Jeddah, Arábia Saudita	129
Pequim, China	121
Johannesburgo, África do Sul	66
Bancoc, Tailândia	54
Cidade do México, México	52
Milão, Itália	44
Jacarta, Indonésia	43
Paris, França	38
Buenos Aires, Argentina	38
Caracas, Venezuela	37
Moscou, Rússia	33
Varsóvia, Polônia	32
Atenas, Grécia	31
Londres, Reino Unido	29
Madri, Espanha	26
Berlim, Alemanha	26
Nova York, EUA	21
Ottawa, Canadá	16
Wellington, Nova Zelândia	11
Canberra, Austrália	10

LOCAIS COM AR MAIS POLUÍDO

Local		Local	
Ahwaz, Irã	372	Kermanshah, Irã	229
Ulan Bator, Mongólia	279	Peshawar, Paquistão	219
Sanandaj, Irã	254	Gaborone, Botswana	216
Ludhiana, Índia	251	Yasuj, Irã	215
Quetta, Paquistão	251	Kanpur, Índia	209

LOCAIS COM AR MENOS POLUÍDO

Local		Local	
Wollongong, Austrália	0,1	Kahului-Wailuku, Havaí, EUA	7
Santa Fé, Novo México, EUA	6	Powell River, Canadá	8
Whitehorse, Canadá	6	Springwood, Austrália	9
Darwin, Austrália	6,9	Christchurch, Nova Zelândia	9,31

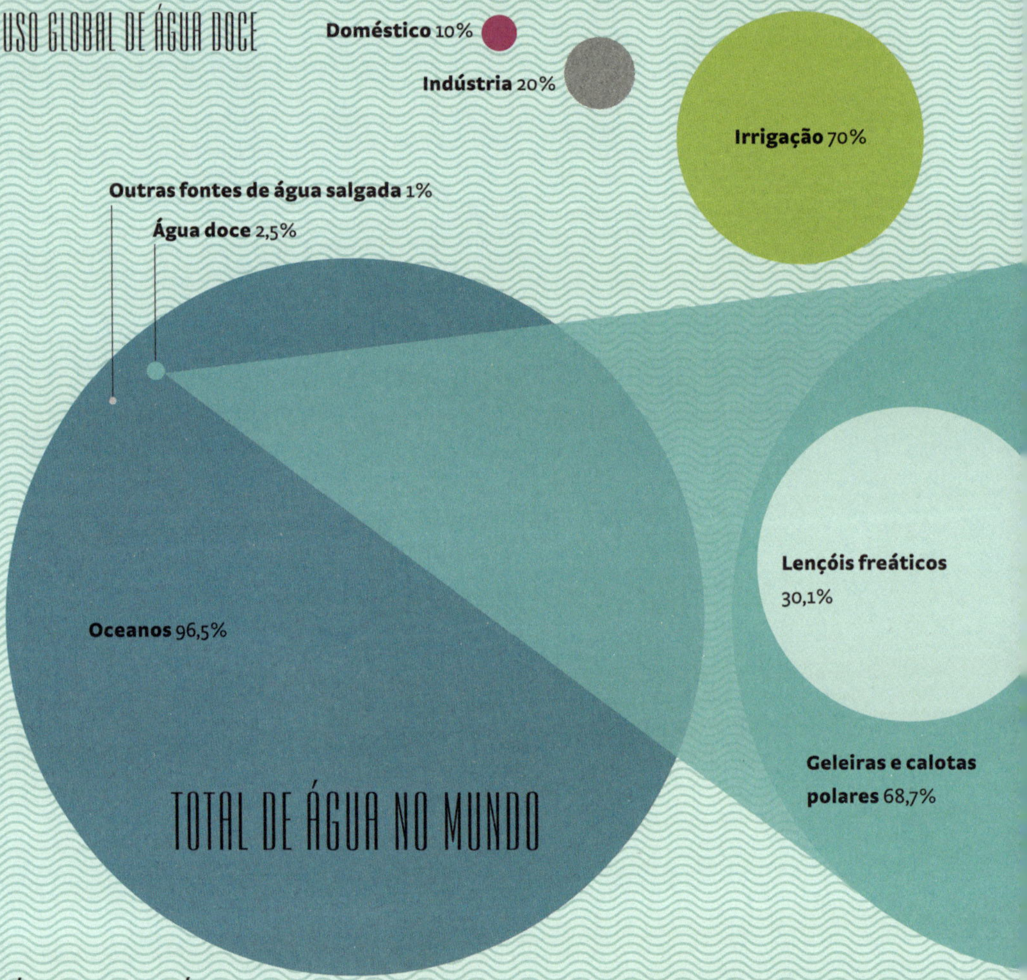

ÁGUA NECESSÁRIA PARA PRODUZIR ALIMENTOS

(litros por 1kg de alimento)

- **Tomate** 215
- **Batata** 290
- **Maçã** 800
- **Pão** 1.600
- **Arroz** 2.500
- **Frango** 4.300
- **Manteiga** 5.500
- **Carne de porco** 6.000
- **Carne bovina** 15.500
- **Chocolate** 17.000

ÁGUA, ÁGUA, **POR TODA PARTE**

Sabemos que mais de 75% da superfície da Terra é coberta de água, mas em que lugares essa água toda está, e quanta água é necessária para produzir um quilo de chocolate?

ga.water.usgs.gov, unwater.org, theguardian.com

UNIVERSO DOS **GÂNGSTERES**

Atividades

Comércio de armas · *Chantagem* · *Falsificação* · *Crime virtual* · *Pornografia infantil* · *Assassinato contratado*

Jogos de azar · *Sequestro* · *Lavagem de dinheiro* · *Prostituição* · *Corrupção política* · *Tráfico de pessoas*

Drogas · *Extorsão* · *Fraude* · *Roubo*

Estes são os principais grupos de gângsteres, comparados em termos de faturamento anual, atividades ilegais e alcance mundial de suas redes.

Onde

- Japão
- EUA, Havaí
- China, Hong Kong, Taiwan
- Cingapura
- Holanda
- Reino Unido
- Itália, Sicília
- México
- Jamaica
- Colômbia
- Rússia
- Israel
- Bulgária
- Bélgica
- Alemanha
- Colômbia
- Venezuela
- Equador
- Europa
- América do Sul

cia.gov, chinawhisper.com, insightcrime.org, pbs.org, wikipedia.org

TRABALHO, ÓCIO **OU LAZER**

Quais são as nações mais trabalhadoras, privadas de sono ou relaxadas e caseiras? Os dados da Organização para a Cooperação de Desenvolvimento Econômico referentes a dezoito países mostram como cada um prefere combinar seus momentos de trabalho, descanso e lazer.

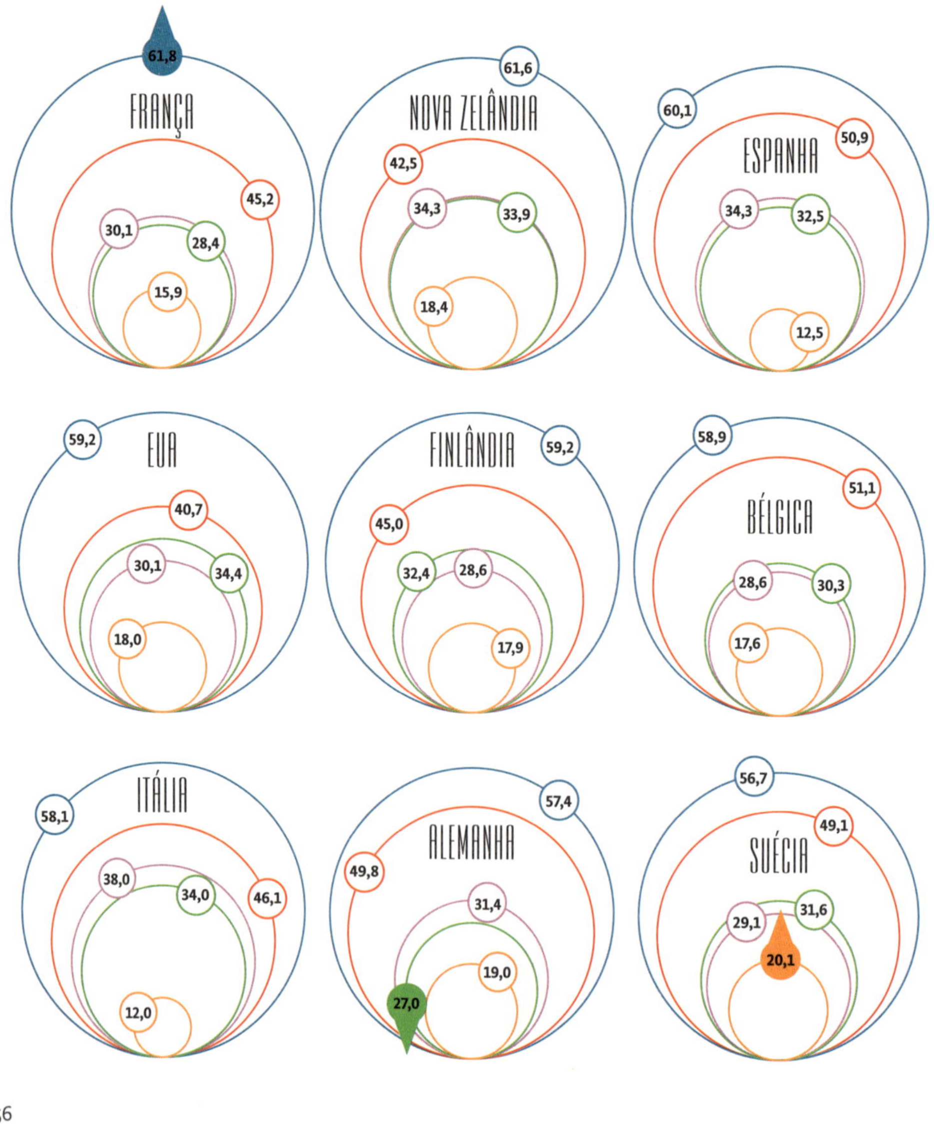

MÉDIA DE HORAS POR SEMANA

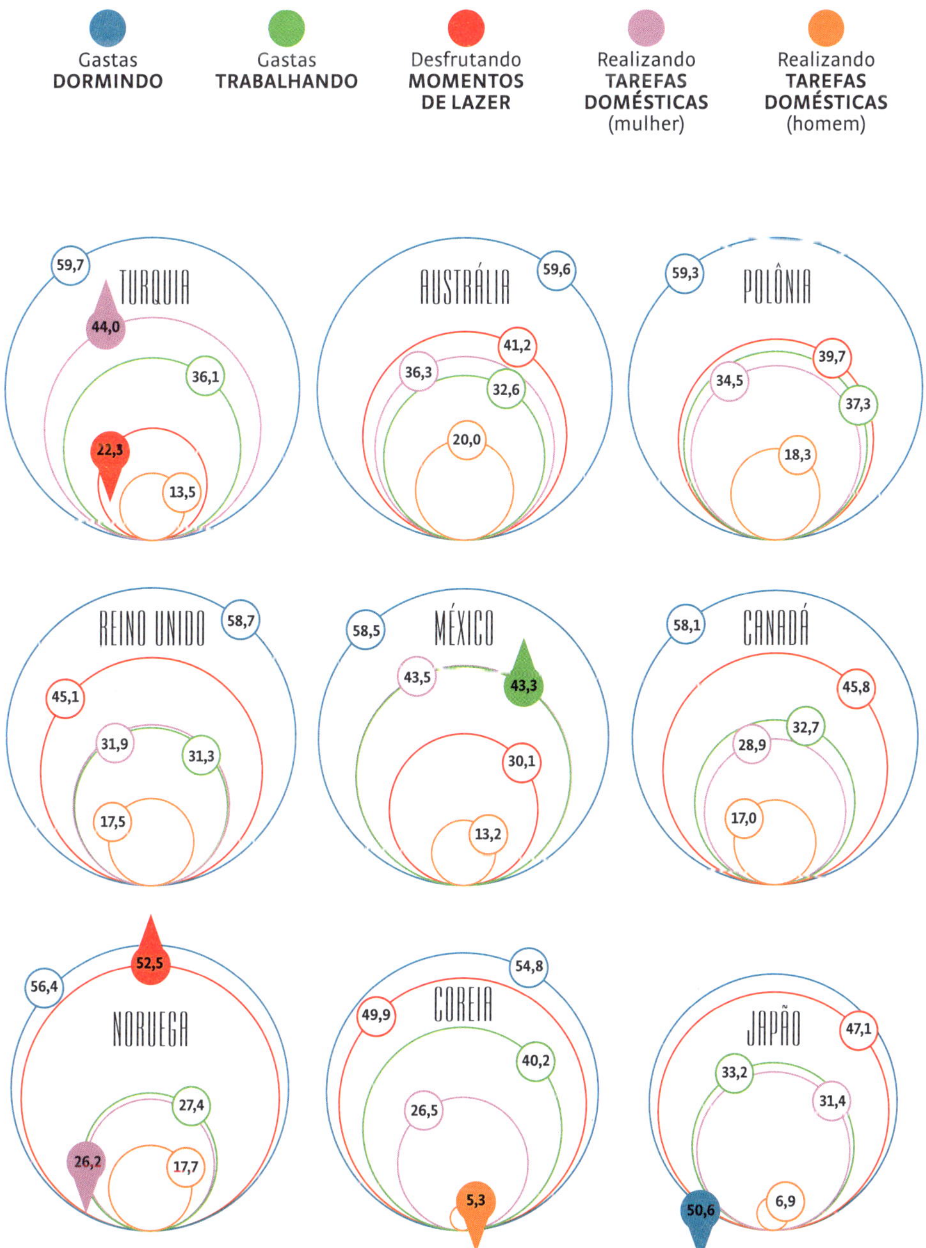

SEIS GRAUS DE SEPARAÇÃO:
PETER HIGGS

O premiadíssimo físico teórico britânico Peter Higgs (n. 1929) desenvolveu trabalho pioneiro que permitiu identificar o Bóson de Higgs – partícula cuja existência foi confirmada pelo Grande Colisor de Hádrons. Não admira que ele esteja a apenas seis passos de Albert Einstein, mas também guarda distância similar de Karl Marx, Earl Grey e do conquistador de corações de Hollywood na década de 1950, James Dean...

1.

EARL GREY
que deu nome ao chá, foi primeiro-ministro britânico de 1830 a 1834, quando

HENRY FOX TALBOT
era deputado do Partido Whig; ele criou o calótipo, que ajudou o trabalho de

LOUIS DAGUERRE
cujas imagens fotográficas de Paris impressionaram

SAMUEL MORSE
cujo código foi transmitido pelo primeiro telégrafo a imprimir sobre papel, inventado por

DAVID E. HUGHES
cujo nome foi dado a uma medalha de Física, concedida em 1981 a

TOM W. B. KIBBLE
físico britânico e teórico do campo quântico, que dividiu o prêmio com

2.

KARL MARX
e sua teoria política influenciaram bastante

CHE GUEVARA
guerrilheiro argentino cuja resistência a

FULGENCIO BATISTA
presidente de Cuba em 1959, levou a uma aliança com

FIDEL CASTRO
líder dos rebeldes cubanos, que em 1960 discursou como dirigente de Cuba na ONU, onde conheceu

GOLDA MEIR
então ministra das Relações Exteriores de Israel, cujo embaixador em Cuba era

RICARDO WOLF
cuja Fundação Wolf outorgou o prêmio de Física em 2004 a

PETER HIGGS

3.

ALBERT EINSTEIN
escreveu em 1939 uma carta advertindo a humanidade da ameaça das bombas H, entregue a

FRANKLIN D. ROOSEVELT
o presidente dos EUA que sancionou a criação do Projeto Manhattan, comandado pelo

TENENTE-GENERAL LESLIE GROVES
que também supervisionou a construção do Pentágono e nomeou diretor do Projeto Manhattan

J. ROBERT OPPENHEIMER
que recrutou físicos do mundo todo, entre eles

NIELS BOHR
dinamarquês que havia sido mentor de

OSKAR KLEIN
físico sueco cujo nome foi dado à Memorial Lecture Medal, concedida em 2009 a

4.

JAMES DEAN
o astro de Hollywood que sabia de cor O pequeno príncipe, escrito por

ANTOINE DE SAINT-EXUPÉRY
durante sua hospedagem numa casa construída em 1867 por

CORNELIUS H. DELAMATER
industrial americano que tinha como melhor amigo

JOHN ERICSSON
inventor sueco que projetou navios de guerra e que havia colaborado com

ALFRED NOBEL
o inventor da dinamite, cujo prêmio anual de Física em 2013 foi compartilhado por

FRANÇOIS ENGLERT
físico belga, e

Créditos

Designers e Ilustradores

Marc Morera Agustí (50-1)
Leticia Ansa (54-5)
Kuo Kang Chen (30-1)
Ian Cowles (36-7)
Barbara Doherty (21, 64-5, 77, 80-1, 94-5, 150-1)
Wayne Dorrington (38)
Jennifer Dossetti (61, 124-5)
Maya Eilam (10-1)
Cristian Enache (114-5, 128-9)
Jacopo Ferretti (40-1)
Dan Geoghegan (46-7, 118-9, 120-1, 122-3, 134-5)
Marco Giannini (39, 48-9, 82-3, 88-9, 100-1, 104-5)
Nick Graves (66-7)
Lorena Guerra (18-9, 26-7, 56-7, 58-9, 96-7, 138-9)
Natasha Hellegouarch (78-9, 154-5, 158-9)
Tomasz Kłosinski (42-3, 44-5)
Stephen Lillie (68-9, 76, 86-7, 106-7)
Mish Maudsley (70-1)
milkwhale.com (108-9, 112-3, 146-7)
Bogdan Rauta (60)
Gaia Russo (62-3, 90-1, 92-3)
Aleksandar Savic (12-3, 34-5, 130-1, 132, 133, 148-9)
Yael Shinkar (14-5, 16-7, 22-3, 72-3, 74-5, 84-5, 140-1, 142-3)
Arnold Skawinski (102-3, 116-7, 144-5)
Kristian Tumangan (52-3, 98-9)
Matt Veal (32-3)
Ryan Welch (20)
Gemma Wilson (24-5, 28-9, 126-7, 152-3, 156-7)
Anil Yanik (110-1, 136-7)

Respostas para a página 104

Urano: 25.362km
Vênus: 6.052km
Titã (Saturno): 2.576km
Lua (Terra): 1.737km
Terra: 6.371km
Mercúrio: 2.440km
Ganimedes (Júpiter): 2.634km
Júpiter: 269.911km
Calisto (Júpiter): 2.410km
Marte: 3.390km
Europa (Júpiter): 1.561km
Plutão: 1.184km